KB151439

# 실전!
# 반려동물 창업실무

백종일, 허제강 공저

# 머리말

국내에서 반려동물을 기르고 있는 인구는 2020년을 기준으로 이미 1,400만 명을 넘어 섰고, 이러한 추세는 앞으로 더욱 증가할 것으로 예측되고 있습니다. 특히 코로나19 펜데믹 사태로 인한 사회적 거리 두기의 시행으로 반려동물과 함께 보내는 시간들이 더욱 증가하게 되었고, 개인과 가족 구성원 모두에게 반려동물과 함께하는 정서적 교감과 공존의 가치를 한층 더 깨닫게 해주었습니다. 그리고 이러한 트렌드를 반영하여 반려동물 산업 또한 급속한 성장세를 보여주고 있습니다.

반려동물 산업은 인간과 모든 삶의 영역을 공유하고 함께 교감하는 주체가 살아있는 소중한 생명체이면서, 동시에 동물이 소비의 주체라는 측면에서 다른 산업과는 구별되는 특징을 가지고 있습니다.

따라서 반려동물 창업은 반려인과 반려동물에 대한 충분한 이해를 바탕으로 전문화된 관점으로 접근하는 것이 바람직하다고 볼 수 있습니다. 다시 말해 반려동물 창업은 사용자인 반려동물 자체에 대한 식견을 가진 수의사와 같은 동물 전문가와 창업을 체계적이고 타당성 있도록 검토할 수 있는 창업 전문가의 식견과 경험이 동시에 필요한 영역이라고 볼 수 있는 것입니다.

불행히도 우리나라에서는 현재까지 이러한 두 가지 측면을 충분히 고려하여 반려동물 창업에 특화되고 체계화된 현장 중심형 실무 지침서를 마땅히 찾아보기 어려운 실정이었습니다.

이 책은 이러한 점에 착안하여, 15년 이상 스타트업 및 소상공인 창업에 대한 연구와 현장 컨설팅 경험으로 널리 알려진 성공 창업 전문가 백종일 박사와 경인여대 펫토탈학과 현직 교수이자 수의사로서 반려동물에 관한 상당한 지식과 경험을 보유한 동물 전문가 허제강 박사가 함께 반려동물 창업의 특성과 미래산업을 고심하고 논의하여 공동 집필한 일종의 반려동물 창업의 실무 지침서라고 볼 수 있습니다.

또한 이 책은 대학의 반려동물 관련학과 교재로 활용이 가능하면서도 동시에 반려동물에 관심을 가지고 창업을 고민 중인 일반 독자들에게도 쉽게 접근할 수 있도록 세심히 배려하고 사례를 중심으로 집필하였습니다.

이 책이 동물병원, 반려동물 유치원, 미용, 훈련소, 펫푸드, 동반카페, 반려동물용품 등 점차 범위가 확대되고 있는 다양한 반려동물 시장의 발전에 기여하면서 동시에 창업자의 비즈니스 성공에 기여할 수 있기를 기대합니다.

백종일, 허제강

# 차 례

## I 반려동물 창업



## II 반려동물 산업과 시장 트렌드

## Ⅵ 가치제안의 설계(Value Proposition Design)



## Ⅶ 비즈니스 모델 구축



## Ⅷ 반려동물 창업 사업계획서 작성

## IX 반려동물 목표 시장 검증



## X 사업타당성 검토



## XI 창업의 절차와 방법

# I



# 반려동물 창업

*Companion Animals*

# 반려동물 창업

# I

## 1.1 반려동물 창업의 필요성

최근 반려동물 양육은 방송과 미디어의 영향으로 반려동물 양육에 대한 긍정적인 이미지가 확산되고 SNS의 발달로 인해 양육하고 있는 동물에 대한 사진과 동영상을 공유하는 등 사례가 늘어나게 되면서 반려동물 양육에 대한 관심이 크게 증가하고 있습니다. 이것은 삶의 질을 중시하는 가치관의 변화, 1인 가구의 증가, 급격한 고령화와 깊은 관련이 있습니다. 2030세대의 경우 급격한 집값 상승과 금융비용의 증가로 인해 저축을 통한 주택 소유 의지가 크게 감소되는 추세이며, 교육과 입시제도의 변화로 인해 정규 교육을 통한 고소득 직업군으로의 진입으로 대표되는 사회 성공의 공식이 더 이상 통하지 않게 되면서 4050세대와 달리 투자와 소비성향이 빠르게 변화하게 되었습니다. 즉 소확행작지만 확실한 행복의 실현을 제1의 가치로 생각하는 인구의 비중이 급격히 증가하게 된 것입니다. 비혼을 선택한 인구가 증가하고 있으며, 자녀를 위해 개인의 희생을 당연한 덕목으로 생각하던 가치관 또한 점차 약화되고 있고 이러한 추세는 삶과 문화가 디지털 시대로 빠르게 변환되면서

앞으로 더욱 증가할 것으로 예상됩니다.

이러한 변화의 트렌드는 반려동물에 대한 통계조사로도 입증되고 있습니다. KB 금융그룹에서 발간한 '2021 한국반려동물보고서'에 따르면 2020년 말 현재 반려동물을 기르는 '반려가구'는 604만 가구로 한국 전체 가구의 29.7%를 차지하고 있으며, 반려인은 1,448만 명으로 통계청 〈2019 인구주택총조사〉, 농림축산식품부 동물등록정보 그리고 전국 20세 이상 남녀 1,000명을 대상으로 실시한 설문조사를 그 근거로 제시하고 있습니다. 1인 가구가 지속적으로 증가하고 있고, 여러 마리의 반려동물을 같이 기르는 가구가 많기 때문에 정확히 산출하기는 어렵지만 1가구를 2~3명 기준으로만 하여도 1,510만 명604만 가구×2.5명에 육박하는 인구가 반려동물 인구인 것으로 추산할 수 있는 바 현재 '반려인'이라 지칭될 수 있는 인구의 숫자는 1,500만 명 내외 일 것으로 추정됩니다. 그렇다면 반려동물을 위해 적극적인 소비가 가능한 소비계층의 숫자는 어느 정도 일까요? 이와 관련된 정확한 통계는 존재하지 않지만 동물 등록에 발생하는 비용을 적극 감수하는 인구의 숫자에서 그 규모를 추측할 수 있을 것입니다.

농림축산검역본부에서는 2021년 5월에 '2020년 반려동물 보호·복지 실태조사'를 발표하였는데요. 해당 자료에는 반려동물과 관련된 다양한 통계 정보가 포함되어 있습니다. 우선 우리나라에 등록된 반려견은 2021년 기준으로 232만 마리로, 지속적인 증가세를 나타내고 있습니다. 반려묘의 경우 앞에서 언급한 통계와 2018년 행정안전부의 인구주택 총조사 등 국내·외 과거통계를 비추어 보건데 반려견 숫자의 약 30~40%를 차지하고, 그 증가속도 또한 매우 빠르기 때문에 약 81만 마리 정도라 예상됩니다. 그 밖에 동물을 동록하지 않아 통계에 잡히지 않는 고슴도치, 파충류 등 특수동물Exotic animal의 숫자를 포함한다면 약 320만 마리 정도의 반려동물이 국내에서 보호자에 의해 적극적으로 양육되고 있으며, 이와 관련되어 반려동물을 위해 적극적 물품구매 및 서비스 제공의사를 가진 인구는 2.5인 가족 기준으로 약 800만 정도 일 것입니다. 유기동물을 제외하고 순수하게 반려동물 시장에

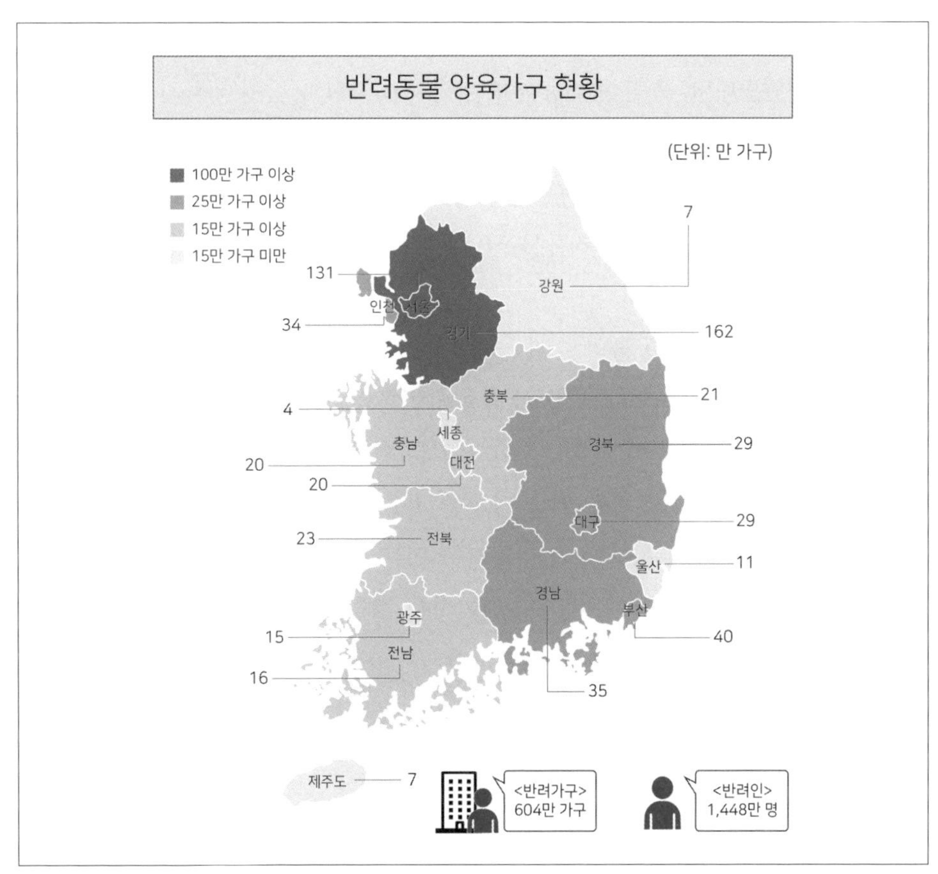


출처: KB금융그룹 '2021 한국반려동물보고서.

적극적인 소비가 가능한 잠재적 고객만을 대상으로 한 수치입니다. 반려동물 1마리를 키우는데 미용, 사료, 간식, 용품 등 다양한 비용지출이 필요하겠지만 적극적 양육을 위해 한달에 통상 15만 원 정도1년 180만 원가 들어간다고 추정했을 때 시장규모는 5조 7천억 원 규모로 추산됩니다전문가에 따라 이견이 있을 수 있으며, 시장규모를 긍정적으로 예측하였음을 미리 밝힙니다. 국내 커피산업의 시장규모가 '19년 기준 6조 8천억 규모현대경제연구원, '커피 산업의 5가지 트렌드 변화와 전망'인 것과 비교한다면, 반려동물 시장규모와 잠재력을 비교할 수 있겠습니다. 결과적으로 1인 가구의 증가로 반려동물은

가족의 일원으로 자리매김되는 추세이며 작지만 소중한 행복의 실현에 결정적 영향을 주게 되었습니다. 또한 반려동물에 대해서도 자녀와 같이 교육과 양육에 많은 관심과 투자가 이루어지게 되면서 반려동물 산업분야는 성장 가능성이 매우 높은 분야로 블루 오션의 영역이 되었습니다. 이러한 사회적 구조적 변화는 앞으로도 장기간 지속될 것으로 보이며 반려동물 산업분야에 전문성을 보유한 인력의 수요 또한 증가할 것으로 생각됩니다.

하지만 양육되는 반려동물의 수가 급증하고 관련 시장도 크게 성장하고 있음에도 불구하고 반려동물 산업에 대한 체계적인 이론적 교육을 받거나 국가공인 전문자격증을 소지한 전문 인력이 해당분야 산업분야에서 창업하는 경우는 아직도 많치않은 실정이므로 객관적으로 입증 가능한 전문성을 보유한 기업이 제공하는 서비스와 제품에 대한 수요를 충족하지 못하고 있는 것이 현실입니다. 이는 반려동물 산업분야가 타 영역과 다르게 비교적 단기간에 성장하여 시장을 형성하면서 발생한 부작용이기도 합니다.

## 1.2 창업의 개념과 의지

일반적으로 창업이란 새로운 기회를 포착하여 새로운 사업이나 기업, 조직을 만드는 과정으로 정의할 수 있습니다. 창의적이고 생산적인 활동이 가능한 동료와 직원들을 충분히 보유하고 있거나, 창업자 본인이 창업 기회를 포착하고 창업자의 기질을 발휘하여 필요에 따라 효율적인 창업관련 행동을 이행하는 잠재력을 보유하고 있어야 창업의 성공 가능성이 증가 합니다. 따라서 창업은 창업자가 시간의 경과에 따라 혁신적이고 체계적으로 진행되는 일련의 과정이기 때문에 혁신성, 창의성, 자본력, 노동력, 문제해결능력, 성실성, 타이밍이 모두 필요한 종합 예술이라 할 수 있습니다. 다시 말해 기업가 정신을 가진 개인이나 법인집단이 자신의 아이디어와 능력을 바탕으로 사업 목표를 세우고 최적의 타이밍에 자본, 시설, 인력을 활용하여 새로운 제품을 생산하거나 서비스를 제공하는 것을 의미합니다. 법률은 창업에 대해 중소기업창업지원법과 동법 시행령을 통해 창업에 대한 주체, 기간, 요건 등을 정의하고 있는데 이는 정부의 여러 가지 창업지원 정책의 수혜를 얻기 위해 개념적으로 알아야 하는 최소한의 가이드라인의 역할을 합니다. 정부는 이같은 중소기업 창업지원법을 근간으로 중소벤처기업의 설립을 촉진하고 성장기반을 조성하여 건실한 산업구조의 구축을 추진하고 있습니다.

개인적인 차원에서 창업 전에는 다양한 고려사항이 있으며 이러한 계획과 준비가 부족할 경우 창업실패로 인한 손실을 감수해야 할 수도 있습니다.

일반적으로 창업을 준비하는데 있어서 고려해야 할 요소들은 다음과 같습니다.

1) 자금: 자기자본 출자 가능 금액, 대출 가능 금액, 투자 유치 가능 금액 등
2) 마케팅: 판매 목적, 타겟, 온오프라인 마케팅 전략, 가격전략 등
3) 제조: 제조방법, 아웃소싱, 설비 구매 및 리스, 물량, 제고 등
4) 노무: 필요 인원, 채용방법, 급여, 인센티브, 복지, 휴무 등
5) 사업자: 개인, 법인에 따른 등록절차 및 세무 유불리
6) 결제: 현금, 수표, 어음, 지역화폐, 신용카드, 현금영수증 등
7) 세금: 소득세, 부가가치세, 법인세, 등록세, 취득세, 재산세, 종합토지세 등
8) 사업장: 입지전략, 전세, 월세, 보증보험, 화재보험, 가압류, 가처분 등
9) 타이밍: 창업시기, 창업 전 경력기간, 확장시기, 손절시기 등

반려동물 분야의 창업자들은 대부분 해당 분야의 창업 아이템의 참신함과 서비스의 친절함만을 강조하는 반면 정작 창업에 일반적으로 필요한 내용에 대한 제반 지식을 소홀히 하고 섣불리 창업을 시도하였다가 예상치 못한 외부영향으로 인해

폐업에 이르는 경우도 많이 나타나고 있습니다. 이것은 우리나라 대부분의 반려동물 관련 창업이 최근 반려동물 붐을 기반으로 체계적인 검토와 충분한 준비없이 창업을 했기 때문이며 대표자의 능력이 아무리 뛰어나도 철저한 준비과정이 없다면 결국 창업은 실패할 수밖에 없다는 점을 명심해야 합니다.

창업을 하기 위해서는 여러 준비와 자본 그리고 리스크가 수반되기 때문에 우리나라에서는 창업을 "실패의 리스크가 큰 도전"으로 인식하고 있는 경우가 많습니다. 그래서 창업을 시작할 때 명확한 창업동기와 창업의지는 매우 중요한 요소입니다. 미국의 학자 Bird는 1988년 그의 논문에서 창업의지란 기업을 창업하거나 기존기업에 가치를 부여하는 의도라 정의하였고, 창업에 관한 행동의 실현을 위한 마음의 상태이며, 창업의 모든 과정에 있어 그 시작단계라고 정의하였습니다. 이렇게 창업을 하게 되는 다양한 상황을 이론적으로 설명하기 위해 경영학 분야에서는 창업의지 모델이 제시되었습니다.

창업의지를 설명한 대표적 이론은 창업 이벤트 모델입니다. 미국의 학자 Shapero로는 1982년 그의 논문에서 실직, 이혼, 유산상속, 전역, 이직 등 부정적이거나 긍정적인 개인의 중요한 변화 시기에 발생하고 이러한 변화는 개인의 경력과 실현 가능성을 기반으로 창업을 결정한다 하였습니다. 이러한 실현 가능성은 특정한 업무를 성공적으로 수행한 경험과 자신감이 핵심입니다. 경력과 주어진 환경을 정확히 인식하고 주어진 조건 속에서 최적화된 기회를 잡아 적극적으로 대응하는 자신감은 개인의 창업의지에 긍정적인 영향을 준다 하였고, 경력과 실현 가능성이 기업의 창업 가능성에 가장 큰 영향을 주는 요인이라 주장하였습니다.

1991년에 발표된 Ajzen의 계획된 행동이론은 특히 창업자의 활동을 중시하는 모델입니다. 창업은 계획의 수립과 행동에 많은 시간과 노력과 자본을 투자하기 때문에 창업활동은 개인적 특성과 사회적 특성이 포함된 계획행동이라 주장하였습니다. 또한 가족 중 창업가가 있는 경우가 창업의지가 더 높고 사업의 기회를 잘 포착하여 기회형 창업을 하려는 경향이 강하여 세부적인 경험과 계획을 세우는 반면에,

고용가능성이 낮은 실업자는 생계를 위해 고용시장의 경쟁에서 밀려나 생계형 창업을 하게 되기 때문에 세부적인 경험 부족과 부실한 계획을 기반으로 창업을 하는 경우가 많으므로 주의가 필요하다고 주장하였습니다. 기회형 창업을 시작하기 위해서는 위험을 감수하고 창업에 대한 긍정적 태도가 선행되어야 함을 강조한 이론입니다.

## 1.3 기업가 정신

기업가의 어원인 entrepreneur는 '시도하다', '수행하다', '모험하다'는 의미인 프랑스어 'entreprendre'에서 유래되었으며, 원래 의미는 토지, 노동, 자본 등 생산수단을 통합하여 상품을 생산·판매하고 경제의 발전을 도모하는 자를 의미합니다. 이 용어의 대중적 사용은 산업혁명 이후 산업자본주가 도래한, 19세기 후반 신기술을 사업화하여 성공한 사람들을 entrepreneur라 부르게 되면서 널리 알려지게 되었습니다. 현대에 와서도 entrepreneur의 어원적 의미가 계승되어 불확실성과 위험을 감수하고 이에 대한 보상으로 이득을 얻는 자를 기업가라 합니다. 미국의 경제학자 Schumpeter는 자본주의 경제발전에서 새로운 생산방법과 새로운 제품개발을 기술혁신으로 보았으며, 기술혁신을 바탕으로 창조적 파괴에 앞장서는 기업가를 창조적 파괴자로 정의하였고, 그들의 혁신적인 정신을 기업가정신이라 정의하였습니다. 창조적 파괴는 세계인의 삶을 향상시키는데 커다란 기여를 하였습니다. 부동산 투기와 주식 등 금융투자를 통해 수익을 발생시키는 자본가의 행태와 달리, 기업가정신은 경제적 이익뿐만 아니라, 일자리를 창출하고 새로운 기술을 보급하여 혁신을 통해 국민 전체의 편익을 증진시킨다는 점에서 앞서 언급한 이익 추구의 형태와 차별성을 갖습니다. 기업가정신이 부족한 기업이 증가할수록 경제는 활력이 저하되고, 국민의 삶의 발전가능성도 감소합니다. 때문에 기업가정신은 경제 활력 증가와 경제성장의 핵심적 가치입니다. 창업기업은 기존의 대기업보다 고용창출효과가 더 크기 때문에, 실업 문제를 해결하는데도 큰 효과를 발휘합니다. 자본주의 시장경제 체계에서는 진입 장벽이 높지 않아 개인의 혁신적인 사고만으로도 새로운 기회를 만들어 기업으로 발전시킨 사례를 종종 볼 수 있습니다. 창업은 이러한 도전정신과 혁신적 사고를 통해 경제 활력이 향상되고, 국민들은 그 활력으로 인한 성장의 혜택을 누리게 되는 파급효과를 가지고 있습니다.

이러한 기업가정신은 1970년대 실리콘밸리의 중소벤처기업들이 기술혁신을 통해 세계적인 기업으로 급성장하며 주목받기 시작하였습니다. 1970년대 실리콘밸리로 상징되는 혁신은 창업기업 등이 서로 상호협력을 통해 혁신을 주도하는 열린 시스템을 통해 구축되었습니다. 최근 미국의 기업가정신은 급격한 환경변화로 인해 과거 기업가정신과 전혀 다른 개념이 나타나고 있습니다. 기업가정신의 변화는 과거 대표자 개인의 역량에 대한 연구를 통해 시작된 Apple이나 Hewlett-Packard Company의 사례와 같이 창업의 개념에서 출발하여 체계화된 연구조직을 기반으로 혁신의 개념까지 확장되었고 최근 조직, 개인의 성취 측면으로 변화되고 발전하고 있습니다. 국내에서는 1998년 IMF외환위기 이후 다양한 벤처기업의 등장과 동시에 기업가정신이 확산되었습니다. 그러나 2000년대 초 벤처붐 붕괴, 2009년 글로벌 경제위기, 최근 코로나 19로 인한 장기불황 등 사회 전반적으로 기업가정신이 크게 약화되었고, 국내 실물경기 악화로 인해 창업기업의 경영환경은 더욱 악화되고 있으며 불안정성이 증가하게 되었고 창업을 기피하는 현상이 확산되었습니다. 이러한 환경에서 기업이 지속적인 경쟁우위를 확보하기 위해서는 끊임없는 혁신과 기업가정신이 필요합니다. 기업가정신은 국가 경제 발전 및 경제 변화에 핵심적인 역할을 하고 있습니다. 1988년 3저 호황을 통해 고도성장을 이루고 고용창출에 견인차 역할을 했던 과거 창업기업의 기업가정신은 최근 코로나19로 인한 장기적 경기불황의 상황을 극복할 수 있는 새로운 대안으로 주목받고 있습니다.

기업가정신은 창업하려는 개인의 가치 지향과 태도이지만, 창업의지와 실제로 창업 행위는 정부의 지원 제도나 사회적 분위기에 큰 영향을 받습니다. 창업 경험이 창업자의 중요한 경력으로 인식되는 사회에서 창업이 더 많이 이루어질 수 있으며, 창업 실패 시 겪는 어려움과 좌절의 정도 또한 줄어듭니다. 이러한 이유로 창업은 개인적 차원의 의지나 선택뿐만 아니라, 사회와 국가의 경제제도와 문화의 산물입니다. 즉 창업을 하는 경우 자신과 지인의 능력과 도움뿐만 아니라 국가의 지원 가능여부를 확인하고 이를 활용하는 것이 매우 중요합니다.

2017년 OECD에서 발표한 2014년 중소벤처기업 경영환경 보고서에 따르면 유럽에서 새로운 기업이 가장 많이 만들어지는 나라는 스웨덴을 예시할 수 있습니다. 북유럽 복지국가를 대표하는 스웨덴의 경우, 높은 수준의 복지를 통해서 창업을 실패하여도 생계가 위협받지 않기 때문에 창업 실패를 두려워하지 않습니다. 고도화된 사회 안전망이 벤처기업을 창업하는 기업가정신이 발휘되는 환경을 만드는 것입니다. 스웨덴 성인 인구의 5%는 새로운 기업의 창업에 관여하고 있으며, 6%는 다른 사람의 창업 기업에 투자하고 있습니다. 창업을 통한 성공 가능성에 대한 인식은 창업에 영향을 미치는 중요한 요소이며, 시장의 독점 정도와 관련이 있습니다. 기존 기업의 시장 지배력이 강할수록, 신규 기업, 특히 창업기업의 시장 진입은 어려운 일입니다. 스웨덴에서 인구 1천명 당 창업기업의 수는 20개로 미국보다도 4배나 더 많습니다. 이러한 결과는 1993년 경쟁법 제정을 통해 대기업의 합병을 막는 제도적 변화와 더불어, 창업 기업에게 유리한 세제 개편을 통해서 창업 인센티브를 대폭 강화했기 때문입니다. 이러한 예에서 알 수 있듯이 창업은 창업에 대한 인식과 창업을 활성화하는 지원정책과 매우 밀접한 관련이 있습니다. 창업 성공은 혁신적 기술, 초기 자본 확보, 제도적 규제 등 거시적인 사회경제 제도와도 관련이 있기 때문에, 국가에서 지원하는 창업지원 프로그램의 활용이 필수적입니다.

이러한 기업가 정신의 특성으로는 위험이 큰 기회를 잡으려는 의지, 기업가의 진

취적이고 혁신적인 활동성향, 위험을 감수하면서 기회를 모색하는 일련의 활동을 바탕으로 혁신성, 위험감수성, 진취성 3가지 요소가 기업가정신의 핵심요소로 강조되고 있습니다. 그밖에 중요한 특성으로는 자율성과 경쟁적 공격성, 업무의 열정, 도전정신, 새로운 아이디어 적용, 상황극복능력, 문제해결능력, 재무적 희생도가 있습니다.

## 1.4 반려동물 관련 소상공인 창업

[2019년 반려동물 관련 영업 현황]

(단위: 개소, 명)

| 구분 | 업종 | 개소수 | 비율 | 종사자(명) | 비율 |
|---|---|---|---|---|---|
| 허가 | 동물생산업 | 1,690 | 9.9% | 2,507 | 11.1% |
| 등록 | 동물판매업 | 4,179 | 24.4% | 5,477 | 24.3% |
| | 동물수입업 | 75 | 0.4% | 96 | 0.4% |
| | 동물장묘업 | 44 | 0.3% | 220 | 1.0% |
| | 동물미용업* | 6,351 | 37.0% | 7,750 | 34.4% |
| | 동물운송업* | 459 | 2.7% | 521 | 2.3% |
| | 동물전시업* | 548 | 3.2% | 804 | 3.6% |
| | 동물위탁관리업* | 3,809 | 22.2% | 5,180 | 23.0% |
| 합계 | | 17,155 | 100.0% | 22,555 | 100.0% |

그렇다면 반려동물 산업분야의 세부적인 규모와 전망은 어떨까요? 농림축산검역본부에서 발표한 2019년 '반려동물 관련 영업 현황'을 참고하여 예측해 보겠습니다.

동물미용업은 본인의 능력과 노력에 비례하여 소득이 보장되는 전문직이지만 위

통계에서 보는 바와 같이 반려동물 영업 분야에서 최다 인원이 종사하고 있으며, 가장 경쟁이 치열한 분야 중 하나입니다. 그럼에도 불구하고 반려인의 다수를 차지하며 미적 특성을 중요시 여기는 여성 반려인들의 선호로 인해 반려동물 미용의 수요와 기술적 요구수준은 지속적으로 상승할 것으로 예상 됩니다. 또한 사람의 미용 분야가 헤어 외에도 스킨케어 네일 등과 같이 전문분야가 세분화 되어 확장되었던 것과 같이, 반려동물 미용 또한 새로운 영역으로의 확장성이 예상되어 지속적인 자기계발과 새로운 분야를 개척하려는 아이디어와 프론티어 정신이 수반된다면 오프라인 상권이 퇴색할 것으로 예상되는 향후 10년 이후의 미래에도 굳건히 현재의 경쟁력을 유지할 것으로 생각됩니다. 또한 K–방역, K–뷰티와 같이 중국 등 아시아권에서 K–반려동물 미용의 수요도 지속적으로 증가할 것으로 예상되는바, 해당 전문인력의 해외진출 가능성 또한 매우 높을 것입니다.

반려동물 유치원, 호텔 등과 같은 동물위탁 관리업은 현재 반려동물 미디어 등의 홍보와 반려동물산업의 인기로 인해 그 숫자와 종사인구가 지속적으로 증가하고 있지만, 코로나19로 인한 장기불황으로 인해 가장 직접적인 타격을 입기도 하였습니다. 해당 분야는 애견인들의 장기 여행, 출장 등으로 인해 발생하는 장기부재 문제를 해결하는 역할을 하는데, 코로나19와 같은 글로벌 펜데믹 이슈가 있을 경우에는 해외여행 등이 현실적으로 불가능할 뿐만 아니라 재택근무의 활성화 등으로 인해 그 수요가 줄어들 것으로 예상됩니다. 하지만 코로나19의 종식과 함께 그동안 억눌렸던 여행에 대한 수요가 폭발하면서 반려동물 위탁분야 또한 호황을 맞이할 것이 확실시되고 반려동물 산책 및 관리를 위탁하는 펫 시터Pet–Sitter등 저비용으로 창업이 가능한 새로운 위탁관리 분야 또한 그 저변이 확대될 것으로 예상됩니다.

과거 군견, 경찰견 등 특수동물에 국한되어 있던 반려견 훈련은 최근 미디어를 통해 그 인지도가 급상승하여 그 저변이 급속도로 확대되고 있습니다. 하지만 증가되는 수요에 비해 대부분의 대형 훈련장이 도심 외곽에 위치한 관계로 많은 반려인

들이 접근성과 높은 비용에 어려움을 호소하고 있는 상황입니다. 그렇기 때문에 도심에 위치한 실내 반려동물 훈련장의 숫자가 지속적으로 늘어나고 있으며, 반려동물 유치원과 호텔등과 결합된 새로운 사업모델이 확산되고 있는 추세입니다. 코로나19로 급속히 보편화된 비대면 교육이 앞으로는 반려동물 훈련에도 적용되어 시간과 공간의 제약을 극복하고 저렴한 비용으로 보편화되기 시작할 것으로 예상되며 관련분야의 시장도 급속도로 증가할 것으로 예상됩니다.

동물 생산, 판매, 수입업의 경우 동물보호법의 강화, 국민의식 향상으로 인한 유기동물 입양 증가, 코로나19의 여파로 인해 각국간 물류 감소 및 검역 강화 등의 영향으로 관련분야 소득과 종사인구가 지속적으로 줄어들 것으로 예상됩니다. 하지만 기본 수요와, 해외 사례에 비추어 보건데 희귀한 순혈 반려견에 대한 수요가 지속적으로 증가할 것으로 예상되는바 전문성을 갖추고 미디어를 통해 그 인기가 급증하는 값비싼 순혈견을 적시에 공급 가능한 동물생산자를 중심으로 시장이 재편될 것입니다.

동물장묘업은 사람 평균 수명의 1/5인 반려견의 특성과 반려동물을 가족으로 여기는 반려인의 증가로 인해 시장전망은 밝을 것으로 예상되지만, 장례시설 자체가 혐오시설로 인식되어 교통이 편리한 도심지에 정식 등록을 하는 것이 현실적으로 불가능 하며, 승합차 등에 소각시설을 설치하고 불법영업을 실시하는 이동식 화장장 등이 도심에서 덤핑 영업을 실시하고 있는 현실이 근절되지 않는 한, 현재 단통법 상황에서의 휴대폰 판매와 같이 불법과 합법이 혼재되어, 고소득을 내는 것은 가능하지만 불법행위를 감내해야만 하는 미묘한 상황에 직면하게 될 것입니다.

반려동물 사료를 포함한 동물용품은 온라인 구매가 더욱 활성화되어 저가 제품의 가격경쟁이 더욱 치열해 질 것이며, 한편으로 프리미엄 고급제품의 수요가 증가하는 등 양극화가 심화될 것으로 예상됩니다. 코로나19의 영향으로 각종 반려동물 용품의 공급처 역할을 하였던 중국제품의 불확실성과 원재료 품질에 대한 불신으로 베트남 등 수입 생산 및 수입국가가 다변화 되어 지금보다 다양한 제품이, 다양한 가격으로 공급되기 시작할 것입니다. 다국적 회사의 고급 프리미엄 제품의 위상은 더욱 강화될 것으로 예상되며 국내 브랜드는 고급화 제품과 저가 제품사이에서 샌드위치 신세가 되어 고전을 면치 못할 것으로 예상되지만, 기능성 프리미엄 제품을 합리적인 가격에 지속적으로 출시하려는 노력이 예상되는바 중장기적 전망은 매우 밝을 것으로 기대됩니다. 한편 소매업은 수도권과 광역지자체를 중심으로 반려동물미용, 훈련, 카페, 호텔, 용품판매 등이 복합적으로 운영되는 패키지 서비스 형태의 사업모델로 진화할 것이며 원스톱 서비스를 선호하는 고객의 성향으로 인해 멀티 서비스가 제공 가능한 애견숍으로 고객이 집중되어 이러한 서비스를 제공할 수 있는 반려동물학과 출신의 전문인력에 대한 수요가 지속적으로 증가할 것입니다.

또한 해외여행의 규제가 풀리기 시작하면 반려동물 유치원, 호텔 등과 같은 반려동물을 장기간 보살펴 주는 유관 산업이 급속한 호황을 맞이할 것입니다. 하지만 영세한 반려동물 카페, 유치원, 호텔 등은 코로나와 우크라이나·러시아 전쟁 등 장기불황의 영향으로 상당히 고통스러운 시간을 보내게 될 것입니다. 많은 반려동물 보호자가 반려동물과 관련된 지출 내역을 줄이려 할 것이며, 심지어 유기되는 동물이 늘어날 것으로 생각되기 때문입니다. 올해 경쟁력을 상실한 많은 반려동물 카페, 유치원, 호텔 등의 연쇄 도산이 예상되며 이들의 빈자리를 채우기 위한 새로운 노력 또한 계속될 것으로 생각되어 집니다. 올해 중으로 반려동물 훈련, 미용, 펫시터 등의 서비스를 개인과 연결해 주는 어플리케이션이 활성화 되어 보다 편하게 반려동물에게 서비스를 제공할 수 있는 수단이 확장될 것입니다. 아직 배달의 민족과 같이 관련 업계를 평정한 어플리케이션이 등장하지는 않았지만 조만간에 이러한 어플이 등장할 것으로 예상됩니다. 최근 반려동물산업은 단기간 급속도로 압축성장을 하면서 외형적으로 급성장을 하였습니다. 미래의 반려동물산업은 내실을 다지며 고급화 수요에 대한 대응이 필수적일 것입니다. 특히 고소득을 위해 다양한 서비스를 패키지 형태로 원스톱 서비스를 제공할 수 있는 멀티숍 형태의 창업이

고소득 창업의 지름길이 될 것입니다.

한편으로 반려동물과 함께하는 라이프 스타일에 최적화된 훈련, 미용, 유치원, 병원, 레스토랑 등의 서비스를 원스톱으로 누릴 수 있는 반려동물 복합문화 센터가 대기업 등의 자본 투자를 통해 서울 등 대도시 도심에 세워질 것이며, 당분간 공격적인 확장세가 지속될 것입니다. 대표적인 예로 현대백화점 그룹에서는 남양주 다산 신도시의 현대프리미엄 아울렛에 펫 파크Pet Park "흰디 하우스"를 2020년 11월에 개장하였으며, 동물병원, 반려동물 카페, 호텔, 유치원이 입주되어 있는 반려동물 특화 대형 오피스텔도 성황리에 분양을 시작하고 있으며, 서울시 왕십리에는 대형 실내 펫 파크가 설립되어 호텔, 유치원, 미용, 스파, 동물병원 원스톱 서비스를 제공하고 있습니다.

이러한 흐름은 수도권 외 지역으로 더 확산 될 것입니다. 특히 인구감소로 인해 유휴건물이나 공간이 많은 지역에서 이러한 움직임이 더 활발해 질 것입니다. 또한 지역 관광지나 지자체의 축제와 연계하려는 움직임도 활발해 질 것으로 예상됩니다. 강원도 춘천시, 경기도 이천시, 경기도 광명시 등 수도권 인근 지자체에서는 반려동물과 함께 야외활동을 할 수 있는 복합 문화시설을 건립하거나 확대 운영하는 것을 검토하고 있으며, 지자체 축제와 연계하여 펫팸족들의 방문을 유도하고 있습니다. 특히 요즘 대세라 불리우는 캠핑과 반려동물과의 연계 서비스를 통해 차별화된 시도가 지속되는 등 기존 관광자원의 경쟁력 강화를 위해 반려동물 동반 서비스를 결합하려는 노력이 한동안 대세로 계속될 것으로 생각됩니다.

이렇게 코로나의 영향과 새로운 트렌드의 반영으로 인해 반려동물 산업분야는 새로운 움직임과 변화가 나타날 것입니다. 영세한 반려동물 서비스 업체는 장기불황으로 인한 영업 타격과 대형자본을 투자 받은 경쟁 기업의 출현으로 어느 정도 타격은 불가피할 것으로 예상되는바 다른 곳들과 차별화된 요소들의 도입을 준비해야 할 것입니다.

Ⅱ



# 반려동물 산업과 시장 트렌드

*Companion Animals*

# 반려동물 산업과 시장 트렌드

## 2.1 반려동물 산업에 영향을 주는 요인

반려동물companion animal이라는 단어는 오스트리아의 동물행동학자이며 노벨 생리의학상 수상자인 콘라트 로렌츠Konrad Lorenz가 처음으로 사용하면서 보편화 되었습니다. 펫코노미, 펫팸족, 딩펫족, 반려인, 반려묘, 댕댕이, 무지개다리 등 반려동물로 인해 새로 생기거나 보편화된 단어 또한 증가하는 추세입니다. 그만큼 반려동물에 대한 관심이 증가하고 유행 또한 빠르게 변화한다는 의미입니다.

우리나라의 반려동물산업은 경제 성장에 발맞춰 급격하게 성장하게 되었고 과거 반려동물의 진료, 판매, 사료 정도에 그쳤던 관련 산업은 최근 훈련, 유치원, 미용, 보험, 펫푸드, 카페, 장례식장, 펫택시, 펫테크 기기, 어플리케이션 등 다양한 산업 분야로 그 영역이 확장되고 있으며 이에 따른 연관효과가 커지고 있는 등 경제 내에서 차지하는 비중 역시 증가할 것으로 예상됩니다. 다만 현존하는 대부분의 산업 관련 법률이 기존 산업을 위해 존재하다 보니 반려동물 산업의 특성을 반영하지 못하고 있으며, 유일한 관련 법률인 동물보호법은 산업의 급격한 성장세를 따라가

지 못하고 진흥적인 관점보다는 동물보호와 규제의 관점에서 제정된바 관련 정책 및 제도의 뒷받침이 아직은 부족한 수준입니다. 대표적으로 반려동물 산업을 위한 동물의 활용과 허용 범위가 동물학대에 해당하는지에 대한 동물권의 정서적 괴리와 법률적 괴리가 상당히 큰 편이기 때문에 법률을 준수 하였더라도 동물권에 대한 편향적인 생각을 가진 여론 주도층에 의한 잘못된 심판 가능성을 항상 염두에 두고 사업을 진행해야 합니다. 이를 위해 해당업체에 대한 평판 조회와 관리를 주기적으로 실시해야 하고 오해나 잘못된 정보로 인해 사업체 평판에 문제가 생겼을 경우 즉시 적극적으로 대응해야 합니다.

이러한 반려동물 산업에 영향을 미치는 요소 중 가장 큰 파급력을 지닌 것은 정부의 정책 방향과 규제입니다. 최근 반려동물 관련 정부의 정책 방향 중 가장 직접적인 영향을 주는 것은 동물보호법 및 동물등록 의무화, 동물보건사 자격증을 위시한 반려동물 국가자격증 시행, 도심형 유기동물 보호소의 등장, 지자체 중심의 반려동물 테마파크 운영, 온라인 반려동물 문제행동 교정 교육의 확산, 반려동물 장례에 대한 규제와 이슈 등입니다. 해당 정책들은 해당 분야의 반려동물 산업의 성장과 퇴보에 결정적인 영향을 주고 있습니다.

또한 반려동물과 관련 된 인식의 변화 또한 관련 산업에 많은 영향을 주고 있습니다. 최근 큰 영향을 주고 있는 반려동물에 대한 인식의 변화는 반려동물을 사지 않고 유기동물의 입양 권장, 무책임한 반려동물 입양과 상습 파양에 대한 거부감, 믹스견에 대한 거부감 감소, 노령견에 대한 적극적 치료와 비용 부담 수용, 길고양이와 개물림 사고의 발생 증가로 인한 사회적 갈등 증가, 개 식용반대, 펫 휴머나이제이션Pet humanizatin 등이 대표적입니다. 반려동물 관련 창업을 준비하고 있다면 상기 이슈에 대한 급격한 여론 및 매출변화에 대한 대응책이 있어야 할 것입니다.

반려동물 산업에 영향을 주는 국내 사회적 이슈는 끊임없이 지속적으로 발생하고 있는 실정입니다. 이러한 이슈는 긍정적 또는 부정적으로 반려동물 관련 정책, 법률, 문화, 산업 등 에 지대한 영향을 주는 것이 현실입니다. 이러한 이슈의 종류와 원인 그리고 향후 대응방향에 대해 알아보도록 하겠습니다.

2022년 동물보호법이 강화되어 맹견 소유자의 책임보험 가입이 의무화 되었으며, 목줄의 길이가 2미터로 제한되었고 동물 학대 시에 처벌 수위도 점차 강화되고 있습니다. 또한 반려견의 동물등록 의무화 및 유기 시 처벌 강화와 같은 이러한 움직임은 반려동물의 복지 향상에 긍정적인 영향을 주었지만, 동물생산업에 종사하는 브리더들은 생산 및 판매 시 관리 감독·감독이 강화되고, 영업환경 개선 및 관련 산업의 많은 부분이 허가제로 규제가 강화되면서 사업운영 시 위법 가능성에 대해 더욱 주의해야 하는 상황에 직면하였습니다.

유기된 동물 보호 및 관리에 대한 관심과 예산도 급격히 증가하게 되었습니다. 대표적인 예로 서울시와 경기도에 도심형 유기동물 보호센터가 개소되어 "사지 말고 유기동물을 입양 하세요" 캠페인의 확산에 큰 도움을 주었고, 길거리에서 전염병 감염 및 학대로 문제 시 되고 있는 길고양이 문제 해결을 위해 길고양이 중성화 사업TNR예산 또한 점점 늘어나서 길고양이 보호 수준제고 및 동물 보호자의 책임의식 고취에 많은 도움을 주었습니다.

이러한 긍정적 움직임은 반려동물 산업의 건강한 육성을 도모하는 계기가 되고 있습니다. 다수의 동물병원에서 CT, MRI를 도입하는 등 대형화 전문화 되어 진료서비스가 향상되고 있으며, 동물보험 개발을 위한 필수 요건인 동물진료 표준화를 위한 동물 질병명과 진료코드가 마련하기 위한 노력이 시작되는 등 동물보험 개발 여건 또한 개선되고 있는 추세입니다. 아직까지 해외 유명 브랜드가 시장을 지배하고 있는 반려동물 사료와 용품 또한 혁신적인 아이디어를 바탕으로 한 새로운 제품이 지속적으로 출시되면서 시장점유율이 지속적으로 상승하고 있으며 중국, 동남아 등 해외 시장으로의 수출 또한 활발히 추진되면서 새로운 사업영역으로써 블루오션으로 떠오르고 있습니다. 이러한 새로운 사업영역에서 다양한 반려동물 서비스 업종이 파생되어 생겨나고 있습니다. 국가자격증인 동물보건사를 시작으로 반려동물 장례와 관련 다양한 추모 및 펫로스 관련 서비스가 생겨나고 있으며 반려동

물 초상화가, 전문사진관, 맞춤형 의류 판매, 반려동물 점술사, 결혼중매, 동물예능 프로덕션 등 새로운 개념의 반려동물 서비스의 등장 또한 더 이상 놀라운 일이 아니게 되었습니다. 이렇게 반려동물 산업을 육성하기 위한 인프라 구축 및 일자리 창출을 위해 산업 육성을 위한 지원체계가 구축 되고 있으며 이를 위한 법적 제도적 추진 체계가 정비되고 있고 동물보호·복지 교육·홍보 확대를 통한 양적 성장과 동시에 내실화가 이루어지는 등 질적으로도 양적으로도 계속된 성장이 이루어지고 있습니다. 대표적으로 지자체 중심의 도심형 유기동물 보호소의 등장, 반려동물 테마파크 운영, 온라인 반려동물 문제행동 교정 교육의 확산, 반려동물 장례에 대한 규제와 이슈 등 지방 자치단체에서도 반려동물 산업을 지역의 랜드마크로 내세우기 위한 노력이 돋보입니다. 이러한 노력은 반려동물을 사지 않고 유기동물의 입양 권장, 무책임한 반려동물 입양과 상습 파양에 대한 거부감, 믹스견에 대한 거부감 감소, 노령견에 대한 적극적 치료와 비용 부담 수용, 길고양이와 개물림 사고의 발생 증가로 인한 사회적 갈등 증가 등 여러 긍정적 부정적 이슈들과 함께 반려동물 산업의 발전으로 인해 발생되는 긍정적 부정적 요소들 또한 사회적으로 쟁점화 되고 있는 상황입니다.

## 2.2 반려동물 산업의 특징

반려동물 산업의 특징을 이해하기 위해서 국내외 반려동물 관련 최신 트렌드와 통계자료를 살펴볼 필요가 있습니다. 우선 반려동물 산업분야가 급성장하면서 부상한 관련 신조어 들이 있는데요. 몇 가지 정도는 반려동물 분야에서 종사한다면 상식적으로 알아야 할 필요가 있습니다.

- 펫코노미Pet+Economic: 반려동물Pet과 경제Economic 두 영단어를 조합한 단어로 반려동물 산업분야의 규모가 커지면서 전체 경제 규모에 대비하여 차지하는 비중이 크다는 것을 의미하는 단어입니다.
- 휴먼 그레이드Human grade: 사람이 사용하거나 먹는 제품과 같은 기준을 적용하였다는 의미로 반려동물 용품, 사료, 간식 등의 원재료의 품질과 안전성이 사람에게 적용하는 기준을 충족할 정도로 고품질이라는 의미입니다.
- 무지개다리: 반려동물이 수명을 다하고 영원히 잠들었을 때 쓰는 관용적 표현입니다. 그 출처가 분명하지는 않지만 반려동물을 가족처럼 여기는 유럽권에서 시적표현으로 쓰이기 시작하면서 반려견의 죽음에 대한 은유적 표현으로 사용되게 되었습니다.
- 댕댕이: 멍멍이와 한글 구조가 유사하여 반려견을 표현하는 언어유희로 사용되다가 최근 반려견을 의미하는 단어로 많이 활용되고 있습니다.
- 펫팸족Pet+fam or 펫밀리Pet+family: 반려동물을 가족처럼 여기고 투자를 아끼지 않는 사람들을 의미하며, 그중에서도 반려동물과 함께 살아가는 1인 가족을 별도로 지칭하는 단어입니다.
- 딩펫족Pet+Dink: 펫Pet과 딩크Double Income No Kids의 합성어로 결혼을 했지만 아이없이 반려동물을 키우는 맞벌이 부부를 의미하는 단어입니다.
- 펫쉐프Pet+Chef: 반려동물의 건강과 입맛을 고려하여 고급 원료로 수제 사료와 간식을 직접 만들어 제공하려는 보호자를 의미하는 단어입니다.

이렇듯 위에서 언급한 다양한 신조어들은 반려동물에 대한 대중적 관심과 흥미를 보여주고 있습니다.

반려동물 산업의 다양한 특징에 대해서 알아볼 때 시장과 마케팅적인 측면을 우선 살펴보아야 합니다. 특히 창업을 위해 고려해야 할 중요한 요소는 트렌드 변화 수용입니다. 이슈, 패러다임, 환경변화에 수시로 대응하며 점검하고 잠재적 문제요

소에 대해서도 항상 대비해야 합니다.

물론, 창업을 위해서는 무엇보다 객관적인 상황에 대한 정확한 인식이 전제되어야 합니다. 아무리 유행과 트렌드를 선도한다 하더라고 현재 투입 가능한 자원자금, 인력 등의 수준과 물량에 대한 객관적 상황 파악이 안 된다면 무리한 은행 융자를 통해 과도한 채무가 발생되고 경기불황이나 내부 문제 등으로 인해 차입금 상환에 문제가 발생하거나 인력 부족으로 인해 서비스 품질이 떨어지게 되고 유행과 트렌드를 선도하는 것은 불가능한 일이기 때문입니다.

국내외 주요 이벤트를 반영해야 하는 것도 중요합니다. 국내 주요 행사, 이벤트, 정부정책을 활용하기 위한 계획이 포함되어야 합니다. 반려동물과 관련된 지역 자치단체의 행사와 인프라는 지속적으로 증가되고 있습니다. 이러한 움직임에 발맞춰 해당 이벤트를 적극 활용할 수 있는 계획이 필요하기 때문입니다.

시장예측 또한 중요합니다. 사업이 매우 잘되어 활성화 될 가능성 또한 대비해야 합니다. 그렇기 때문에 인력, 자본, 자원의 유연한 관리와 확장 가능여부의 검토가 필요하며 긍정적인 가정을 최대한 배제하고 원칙을 준수하며 코로나19, 우크라이나－러시아 전쟁과 같은 대외 변수로 인한 실물 경기 악화 가능성도 항상 염두에 두어야 합니다. 주의할 점은 지나친 두려움보다는 단기적인 성과가 발생하지 않더라도 자신감을 바탕으로 혁신적인 시도를 멈추지 말아야 한다는 의지입니다.

반려동물 관련 상품과 서비스 적합성을 창업에 적용할 경우 검토해야 할 구체적 점검요소를 예시하면 우선 종사하는 업종의 성격에 잘 맞고 과거의 경험과 지식을 잘 활용할 수 있는 서비스 또는 상품인지 확인합니다. 정부의 인허가 등에 의해 진입장벽이 높거나, 비필수품이거나 사치품이 아닌지도 확인합니다. 사업 추진 시 구성원의 지지와 협력을 얻을 수 있는지 그리고 해당 제품 또는 서비스 도입 시점에서 도입비용 등으로 수익이 마이너스가 나는지난다면 버틸 수 있는지 장래성이 유망한지에 대해 검토해야 합니다. 마지막으로 경험이 부족한 사람이 서비스 하기에 위험한 서비스 이거나 전문 기술을 필요로 하지 않는지 확인해야 합니다.

다음으로 해당 사업을 수행할 지역의 시장의 규모와 경쟁력에 대해서도 검토해야 합니다. 요일별, 월별, 시간별, 계절과 날씨와 영향정도와 예상되는 고객의 숫자는 어느 정도 일지 검토가 필요합니다. 경쟁 사업자의 영향력, 영업시간, 영업형태, 지역별 분포, 품질과 가격은 어떤 상황인지에 대한 모니터링이 필요합니다. 또한 주력 판매제품의 유통은 쉽고 물류비용은 저렴하며 단골고객이 찾아오는 주된 이유가 무엇인지, 더 많은 고객이 찾아오기 위해 제공해야하는 서비스는 무엇인지에 대한 검토가 필수적으로 필요합니다. 신규 아파트 단지 등 새로운 거주 지역이 조성 될 경우 잠재 고객의 증가 가능성은 어느 정도이며 주력 타겟 고객층인 20~40대 여성층에게 어필하기 위한 홍보 마케팅 전략을 어떻게 구성할 것인지 고민해야 합니다.

반려동물 제품과 서비스의 원가와 수익성에 대한 검토도 중요합니다. 서비스를 제공하는데 소요되는 기본비용은 적정한지, 희귀한 원재료를 사용하거나 필수 전문인력의 채용이 어렵지는 않은지, 검증되지 않은 너무나 새로운 아이템 또는 서비스이거나 유행에 너무 민감하거나 수명이 짧은 제품서비스일 위험성은 없는지, 시장 선두 업체 벤치마킹은 충분히 실시하였으며 장단점을 파악하고 충분히 준비하였는지 검토가 필요합니다. 이렇듯 사업을 시작할 때 자체 경쟁력 분석을 실시하는 것은 매우 중요합니다. 나의 약점과 강점을 분석하고 약점고급 기술의 부재, 가격경쟁력 등을 공격당했을 때를 대비할 전략을 수립해야 한다는 것입니다. 자가 부동산, 고급 기술, 고급 장비, 인적 구성의 우위 등 유리한 조건을 활용한 경쟁적 우위 점유 가능여부를 검토하고 본인의 연고지를 중심으로 활동하여 지역 내 인적 네트워킹의 우위를 확보 가능한지 객관적으로 판단한 뒤 경쟁 업체의 홈페이지, SNS, 언론 분석을 통한 벤치마킹과 이용고객의 의견을 청취하여 강점은 강화하고 약점을 보완해야 합니다.

소비자 조사 및 상품 네이밍에도 많은 준비와 전략이 필요합니다.

새로운 제품과 서비스 론칭 전 소비자를 대상으로 면접, 설문, 사례조사를 실시

합니다. 이때 조사는 간결하고, 쉬운 단어로, 불쾌한 질문을 피하고, 적극적 참여를 위해 커피 쿠폰 등을 제공하는 등 적극적 노력이 필요합니다. 조사된 데이터를 통계처리하여 해당 데이터를 근거로 소비자의 성향을 판단합니다. 기업의 상호를 결정하는 것은 어쩌면 가장 중요한 일일지도 모릅니다. 발음이 쉽고 고객도 자연스럽게 상호를 부를 수 있고 친숙해야 합니다. 예컨대 고급스러운 이미지를 활용하기 위해서 프랑스어 사용 시 특히 주의해야 합니다. 아무리 좋은 의미여도 발음이 어렵고 생소한 단어일 경우 고객이 상호를 기억하는 것은 한계가 있습니다. 기억하기 쉽고 생각나기 쉬우며 전화번호 등을 연상시킬 수 있는 상호도 좋은 방법입니다. 들어본 사람들이 정말 기발하다는 말이 나올 정도면 성공적이며 혼자두지말개, 개더링, 해피투개더, 개스트하우스, 멍스타그램, 개맘대로, 개는 훌륭하다 등 현재 이슈가 되는 분야의 패러디, 유머스럽고 호기심 유발 상징화를 통한 캐릭터 도입 등의 방법을 예시할 수 있습니다.

## 2.3 반려동물 산업과 해외시장 트렌드

그렇다면 해외 시장의 트렌드는 어떨까요? 반려동물 산업이 발달되거나 이미 성숙단계로 접어든 선진국의 사례를 보면 향후 우리나라에서 성장이 예상되는 분야와 서비스를 예측해 볼 수 있습니다. 다수의 금융연구기관에서는 글로벌 반려동물 산업 규모가 연평균 5% 이상 성장할 것으로 예상하고 있으며 2027년에는 최대 420조 원이 될 것으로 예상하고 있습니다. 반려동물을 가족으로 생각하고 자녀 대신에 반려동물을 키우는 MZ세대의 증가, 독거노령인구의 증가와 1인 가구의 증가, 재택근무의 활성화, 수의학의 발달로 인한 반려동물의 수명 증가 등 다양한 긍정적 요소로 인해 반려동물 산업은 최소 10년 이상의 장기 호황이 가능할 것으로 대부분의 전문가들이 긍정적인 평가를 하고 있습니다. 특히 이미 반려동물을 사람과 동일하게 생각하는 펫 휴머나이제이션Pet humanization이 일상화된 북미나 유럽권의 경우 반려동물 용품, 간식, 사료, 토이toy 등에 사람과 같은 수준의 고품질 원재료를 사용하고 안전기준과 검사를 적용하고 있습니다. 또한 반려동물을 자녀 대신에 키우는 해외의 딩크족들은 반려견 훈련, 유치원, 호텔링, 레스토랑, 펫푸드, 동반 투숙 가능 호텔 및 해변 등 새로운 서비스를 적용하는 새로운 시장을 창출하고 있습니다. 이렇게 북미와 유럽권에서 보편화된 반려동물과 관련된 문화는 우리나라에도 적극적으로 도입되고 있으며 그중 일부는 이미 보편화된 추세이기도 합니다. 그중 해외에서 프리미엄 사료 시장의 급성장세는 눈여겨 볼만한 부분입니다. 반려동물 사료의 품질은 반려동물의 건강, 체중, 체형에 직접적인 영향을 주며 건강한 삶과 직결되기 때문입니다. 특히 해외에서 프리미엄 냉장 펫푸드의 보편화는 우리나라와 특히 차이가 있는 부분입니다. 부패의 위험으로 인해 유통기간이 짧고 유통과정에서 냉장 보관 장비가 필요하여 아직까지는 우리나라에서 보편화되지 않은 냉장 펫푸드 제품은 시장의 규모가 커서 규모의 경제를 이룩한 북미와 유럽권에서는 쉽게 접할 수 있고 대세로 자리잡고 있습니다. 우리나라에서는 냉장 펫푸드가 보편화 되지 않아 이러한 움직임은 반려동물 수제간식으로 대체되고 있는데요, 냉장 펫푸드가 펫 휴머나이제이션 기준을 적용한 고품질 프리미엄 원재료를 대량 구매하여 위생적인 환경에서 한정된 종류의 제품을 대량으로 저렴한 가격에 공급하는데 반하여 반려동물 수제간식은 사람의 식용 가능한 식재료를 구매하여 다양한 조리법을 적용하여 소량으로 다양한 종류의 간식을 생산 즉시 먹일 수 있다는 차이점이 있습니다. 이러한 반려동물 사료와 간식은 락인Lock-in효과가 매우 크기 때문에 한번 정하면 정말 큰 이유가 아니라면 한번 정한 사료나 간식을 바꾸지 않습니다. 락인Lock-in효과란 일명 자물쇠 효과라 불리우며 특정 제품이나 서비스의 이용에 몰입하여 다른 제품이나 서비스의 선택을 제한하여 기존의 것을 계속 구매하는 현상을 말합니다.

반려동물은 사람과 같이 알러지 반응을 보이는 경우가 많으며 나이가 들수록 선호하는 취향이 발생하기 때문에 사료, 용품, 미용, 동물병원, 유치원 등에서 취향이라는 것이 생기고 심지어 거부반응을 보이기도 합니다. 그래서 해외 유명 브랜드 사료나 간식 업체가 시장의 주도권을 계속 유지할 수 있습니다.

의학기술의 발전으로 수명과 삶의 질이 높아진 것은 사람만이 아닙니다. 인류의 의학발전과 더불어 개발된 대부분의 의학기술이 수의학에도 적용되고 있으며 고가의 신약과 의료기기 역시 반려동물이 가족의 일원으로 인정받고 있는 북미나 유럽권에서는 사용이 보편화 되어 있습니다. 특히 다양한 종류의 반려동물을 키우고 이들을 위한 특화된 진료 시스템과 수의사도 의사처럼 전문의 제도가 도입되어 활용되고 있습니다. 이렇듯 수의학의 발달과 반려동물 양육 환경의 개선으로 증가된 반려동물의 평균 수명은 해외에서도 뚜렷이 보이고 있는 특성입니다. 불과 20년 전만하더라도 반려동물의 수명은 15년 이내라고 알려졌으나 요즘은 소형견의 경우 20년까지도 기대수명으로 문제가 없는 상황이 되었습니다. 이러한 현상으로 인해 노령견에 대한 다양한 제품과 서비스가 필요하게 되었으며 비용지출이 지속적으로 증가하는 원인이 되었습니다. 반려동물은 인간과 비교했을 때 상대적으로 노화의 속도가 빠르고 짧은 수명을 가졌지만 인간만큼 다양한 질병이 발병하게 됩니다. 대표적으로 암에 대한 치료와 관련 케어 서비스가 그 입지를 확대해 나가고 있습니다. 암은 사람만큼 반려동물에게도 무서운 병입니다. 우선 치료비가 많이 발생하기 때문에 반려동물보험에 대한 수요 발생을 증가시킵니다. 또한 장기간 치료 과정에서 건강이 많이 악화되어 외출이 힘들어 지기 때문에 방문 서비스에 대한 수요가 발생합니다. 반려동물 용품 영역에서는 이렇게 나이들어 질병이 발생하여 건강이 나빠진 반려동물을 위한 영양제, 간식, 유모차, 운동기구 등이 등장하였고 그 시장규모가 매우 커지고 있습니다. 심지어 사람에게는 윤리적 이유로 도입이 거부된 줄기세포 치료조차 보편적으로 시행되기 시작하면서 국내에서도 조심스럽게 반려동물에 한해 줄기세포 치료와 관련 서비스가 도입되었습니다. 또한 질병을 가진 반려동물의 치료에 도움이 되는 성분으로 맞춤형 제조된 처방사료는 해외에서는 보편화된 치료 방법 중 하나이며 그 활용도가 앞으로 우리나라에서도 충분히 지금 보다 증가될 것으로 예상되는 제품입니다.

또한 북미와 유럽권의 수의학의 수준과 반려동물의 진료비용에 위한 지출 그리고 일원화된 내장형 동물등록제도와 적극적인 치료에 대한 보호자의 의지, 반려동물 보험의 활성화 정도는 우리나라와 가장 차이가 큰 부분입니다. 반려동물 보험은 반려동물을 이미 가족으로 생각하는 북미와 유럽권에서 가장 활성화 되어 있습니다. 영국의 반려동물 보험 가입율은 25%에 육박하고 있으며 프랑스 등의 국가도 5% 정도의 가입률을 보이는 등 일반적으로 유럽권은 5% 내외의 반려동물 보험 가입률을 보이고 있습니다. 북미권은 유럽만큼의 반려동물 가입률을 보이고 있지는 않고 1%를 약간 상회하는 수준의 가입률을 보이고 있습니다. 하지만 이는 전체 인구규모가 3억 6천만 명을 초과하는 북미의 인구규모가 서유럽 전체 인구 규모와 비슷한 수준이라는 점을 고려할 때 적은 숫자가 아닙니다. 오히려 인구의 증가속도와 반려동물 보험의 성장성이 북미가 훨씬 높은 점을 고려한다면 우리나라 또한 반려동물 보험에 관한 수요와 유관 산업의 성장성이 매우 높을 것이라 생각합니다.

세계적으로 1인 가구와 고령인구의 증가 또한 반려동물산업에는 긍정적인 요인으로 작용합니다. 65세 이상의 노령인구는 지속적으로 증가할 예정이며 어르신들이 외로움을 줄이기 위해 반려동물을 키우는 것은 북미와 유럽권에서는 자연스러운 일입니다. 반려동물은 노인, 장애인, 성소수자 등에 대한 거부감과 편견이 없기 때문에 오히려 사람 친구보다 더 환영받기도 합니다. 또한 이러한 현상으로 인해 반려동물에 대한 고정지출은 줄어드는 것이 현실적으로 불가능하여 불경기 상황에도 일정수준이상의 매출을 유지하는 현상을 보입니다. 이는 사람의 제품과 서비스와 다르게 대체제가 희소하고 그렇다 보니 불경기에도 경기변동에 영향을 덜 받는 산업의 구조적 특성을 보이고 있습니다. 1인 가구의 증가 또한 같은 이유로 반려동물 양육 인구 확산의 주된 원인입니다. 특히 1인 가구는 실질적으로 반려동물을 키

울 경우 유일한 가족으로 대우하기 때문에 지출의 규모가 클 수밖에 없습니다. 대부분의 선진국에서 1인 가구의 비중은 이미 30%를 초과 하였습니다. 이러한 추세는 앞으로도 지속될 것이며 1인 가구의 증가로 인해 24시간 반려동물과 함께할 수는 없고 관리의 어려움이 발생하기 때문에 반려동물을 케어하기 위한 서비스와 장기간 여행 또는 외출의 욕구를 충족시키기 위해 반려동물을 장기간 자동 케어 할 수 있는 새로운 제품이 계속 출시되고 있습니다. 대표적으로 자동 배식과 급수와 같이 간단한 기능을 수행하는 장치부터, 고양이의 배변을 자동으로 분리하는 스마트 화장실, GPS 기반으로 반려동물의 행동반경을 스마트폰에 표시해주는 목걸이, 센서가 반려동물의 움직임을 감지해 자동으로 문이 열리는 도어, 반려동물이 잠드는데 최적화된 온도와 음악을 제공하는 스마트 침대와 케이지, 바이오리듬을 분석하여 반려동물의 감정 상태를 건강상태와 함께 알려주는 웨어러블 기기 등 전혀 새로운 개념의 펫테크 기가 해외에서는 이미 출시되었고 이와 유사한 개념의 제품과 서비스가 우리나라에서도 제공될 것으로 예상됩니다.

코로나 19의 확산이 반려동물 산업에 미친 큰 영향이 있는데요 그건 바로 재택근무의 확산입니다. 과거 장기간의 외출과 여행의 어려움으로 인해 반려동물을 좋아하지만 양육을 망설였던 사람들에게 코로나 19의 확산으로 재택근무가 장기간 허용 되면서 반려동물을 키울 수 있는 기회가 주어졌고, 재택근무가 일시적으로 허용되는 것이 아니라 대부분의 기업이 재택근무와 출근형태가 결합된 근무 형태를 인정함에 따라 1인 가구도 안심하고 반려동물을 키울 수 있게 되었습니다. 해외에서 재택근무를 하면서 점심시간과 휴식시간 등을 활용하면 반려동물과 산책을 하거나 놀아주는 것이 가능하게 되면서 반려동물과 관련된 비용의 지출 증가와 양육의 증가가 통계적으로 증가되고 재택근무를 허용하지 않는 기업을 이직하거나 퇴사하는 사람이 늘어나자 보수적인 기업조차 재택근무를 허용하는 추세가 대세를 이루는 점은 앞으로 우리나라에 시장전망에도 큰 영향을 줄 것이라 생각되어 집니다.

실전! 반려동물 창업실무

# 정부 창업 지원 정책

*Companion Animals*

# 정부 창업 지원 정책

## 3.1 정부의 창업지원 정책

반려동물에 관심을 가지고 있는 청년예비창업가에게 창업을 할 것인지를 물어보면 "창업을 할 때 많은 돈이 필요하며, 이러한 비용을 투자했는데 창업에 실패해서 망하면 어떻게 해야 하는지 걱정이 된다."는 우려를 자주 접하게 됩니다. 이 같은 창업에 대한 막연한 두려움은 사실 창업을 생각하는 사람은 누구나 한번쯤 고민하게 되는 첫 번째 우려와 걱정일 것입니다. 그러다 보니 창업에 대한 도전은 실패에 대한 두려움을 극복하는 것과 창업에 대한 재원을 마련하는 것이 우선 극복해야 할 핵심 사안이 되기도 합니다. 바로 이 같은 창업자의 고민을 도와주기 위하여 정부는 다양한 방법으로 창업지원 정책을 시행하고 있습니다.

국제 시장조사 전문매체인 CB Insight의 집계에 따르면 대한민국은 2022년 6월 기준 기업가치 10억 달러 이상의 세계 1,173개 유니콘 기업 가운데 15개의 유니콘 기업을 탄생시켰다고 합니다. 628개의 유니콘 기업을 보유한 미국과 181개를 보유한 중국홍콩 포함 및 68개를 보유한 인도에 비하면 그 숫자가 많다고 할 수는 없습니

다. 하지만 다양한 산업 분야에서 다수의 유니콘 기업이 성장하며 이를 육성하기 위한 정부의 지원정책이 활성화되어, 44개 유니콘 기업을 배출한 영국, 29개 유니콘 기업을 배출한 독일, 25개 유니콘 기업을 배출한 프랑스와 비교하였을 때 세계 10위의 유니콘 기업 배출 순위를 달성한 것은 2021년 국제통화기금IMF에서 발표한 세계 GDP 기준 3위인 일본이 6개의 유니콘 기업을 배출한 것과 비교 하였을 때 매우 훌륭한 성과라 할 수 있습니다.

위에서 언급한 바와 같이 정부는 유니콘과 같은 초대형 벤처기업의 지속적인 탄생을 위해 약 3조 원 규모의 창업지원을 예비창업자와 창업자를 대상으로 운영 중입니다. 정부 주도의 창업지원 정책이란 창업자금의 일부를 지원 또는 저금리로 융자하고 사업공간, 멘토링, 연구개발 등을 무상 또는 저렴한 비용으로 지원하는 것을 의미 합니다. 2022년 국내 창업 활성화를 목적으로 중소벤처기업부는 전국에 글로벌 청년창업사관학교를 포함하여 총 20개의 청년창업사관학교를 운영하고 있으며, 1조 828억 원의 모태펀드를 출자하였고, 2021년 3조 1,118억 원의 모태 출자 펀드 금액 회수를 통해 선순환 창업생태계를 구축하였습니다. 이러한 정책은 경제를 활성화시키기 위해서 정부가 창업기업을 지속적으로 육성하겠다는 의지를 표명한 것입니다. 그 결과 2020년 대한민국에서는 105만 9천 개의 기업이 창업을 하였고, 매년 약 30만 개의 기업이 새롭게 생겨나고 있습니다.

매년 정부는 저성장의 경제문제와 청년 실업 문제를 해결하기 위하여 창업지원 예산을 증액하고 있는 추세입니다. 창업지원 예산은 지원유형별로 크게 6가지창업사업화, 연구개발, 시설·공간, 창업교육, 멘토링, 네트워킹로 나눌 수 있으며, 이를 크게 3가지 유형으로 나눈다면 창업교육, 멘토링, 네트워킹 등의 교육지원, 창업사업화, 연구개발 자금지원, 시설 및 공간의 인프라 지원으로 구분할 수 있습니다. 이러한 정부의 2022년 부처별 창업지원예산은 〈표 3-1〉과 같습니다.

<표 3-1> 2022년도 정부 부처별 창업지원 예산 현황

(단위: 개, 억 원, %)

| 구분 | ’22년 (B) | | | |
|---|---|---|---|---|
| | 사업수 | 비율 | 예산 | 비율 |
| 중기부 | 45 | 45.0 | 3조 3,131.2억 원 | 93.1 |
| 융자제외시 | 43 | - | 1조 3,131.2억 원 | - |
| 문체부 | 14 | 14.0 | 626.8억 원 | 1.8 |
| 과기부 | 9 | 9.0 | 533.7억 원 | 1.5 |
| 고용부 | 1 | 1.0 | 318.8억 원 | 0.9 |
| 농림부 | 8 | 8.0 | 202.1억 원 | 0.6 |
| 산림청 | 2 | 2.0 | 182.0억 원 | 0.5 |
| 융자제외시 | 1 | - | 2.0억 원 | - |
| 환경부 | 3 | 3.0 | 159.8억 원 | 0.4 |
| 특허청 | 4 | 4.0 | 153.2억 원 | 0.4 |
| 해수부 | 4 | 4.0 | 120.9억 원 | 0.3 |
| 교육부 | 2 | 2.0 | 58.9억 원 | 0.2 |
| 복지부 | 3 | 3.0 | 45.7억 원 | 0.1 |
| 농진청 | 1 | 1.0 | 36.0억 원 | 0.1 |
| 법무부 | 1 | 1.0 | 8.4억 원 | 0.0 |
| 국토부 | 3 | 3.0 | 0.8억 원 | 0.0 |
| 기상청 | - | - | - | - |
| **합계** | **100** | 100.0 | **35,578** | 100.0 |
| 융자제외시 | 97 | - | 15,398 | - |

출처: 2022년 중소벤처기업부 보도자료.

이러한 정부 창업지원사업의 신청대상은 세부사업에 따라 다르지만 창업을 준비하는 단계의 예비창업자와 창업한 이후 7년 이내의 창업자로 구분됩니다. 위 표에서 알 수 있듯이 대부분의 창업예산이 중소벤처기업부에 집중되어 있지만 문화체

육관광, 과학기술, 고용노동, 농림축산, 산림, 환경, 특허, 해양수산 등 각 산업 부처별 창업지원 예산도 상당한 편이기 때문에 각 정부 부처의 지원 목적과 취지에 맞

**<표 3-2> 광역지자체별 창업지원 예산 현황**

(단위: 개, %)

| 구분 | | '22년 (B) | | | |
|---|---|---|---|---|---|
| | | 사업수 | 비율 | 예산 | 비율 |
| 경기도 | | 21 | 13.8 | 155.2억 원 | 17.5 |
| 서울시 | | 9 | 5.9 | 110.1억 원 | 12.4 |
| 전남도 | | 6 | 3.9 | 89.8억 원 | 10.2 |
| 대전시 | | 10 | 6.6 | 82.2억 원 | 9.3 |
| 제주도 | | 18 | 11.8 | 55.1억 원 | 6.2 |
| | 융자제외시 | 17 | - | 35.1억 원 | - |
| 대구시 | | 12 | 7.9 | 51.7억 원 | 5.8 |
| 광주시 | | 6 | 3.9 | 51.2억 원 | 5.8 |
| | 융자제외시 | 5 | - | 31.2억 원 | - |
| 충북도 | | 11 | 7.2 | 48.6억 원 | 5.5 |
| 인천시 | | 13 | 8.6 | 47.0억 원 | 5.3 |
| 부산시 | | 4 | 2.6 | 45.4억 원 | 5.1 |
| 경북도 | | 6 | 3.9 | 43.0억 원 | 4.9 |
| 울산시 | | 7 | 4.6 | 41.0억 원 | 4.6 |
| 강원도 | | 5 | 3.3 | 23.1억 원 | 2.6 |
| 경남도 | | 9 | 5.9 | 13.8억 원 | 1.6 |
| 충남도 | | 5 | 3.3 | 12.7억 원 | 1.4 |
| 세종시 | | 8 | 5.3 | 7.8억 원 | 0.9 |
| 전북도 | | 2 | 1.3 | 7.0억 원 | 0.8 |
| **합계** | | **152** | 100.0 | **885**억 원 | 100.0 |
| | 융자제외시 | 150 | - | 845억 원 | - |

출처: 2022년 중소벤처기업부 보도자료.

는 분야가 무엇인지를 확인해 볼 필요가 있습니다. 특히 정부의 주요 부처별로 해마다 편성되는 예산에는 증감이 있을 수 있으므로 해마다 관련 공고내용을 확인할 필요가 있습니다. 이러한 창업지원 사업 예산은 정부 중앙부처에만 있는 것은 아닙니다. 서울특별시, 경기도 등 광역지자체도 해당 지역의 창업을 통한 경제 활성화를 위해 예산을 편성하고 있습니다.

조금 더 세부적으로 시·군 단위 기초지자체도 해당 지역의 인구유입과 경제 활성화를 위해 창업지원사업을 운영하기도 합니다. 광역자치단체와 기초지자체의 경우 해당 지역의 경제발전과 인구유입을 목적으로 사업을 운영하기 때문에 주거지역과 사업지역이 해당 지자체여야 하는 사업신청자격에 제한이 있는 것이 특징입니다.

**<표 3-3> 기초지자체별 창업지원 예산 현황**

(단위: 개, %)

| 구분 | | 사업수 | 예산 | 구분 | | 사업수 | 예산 |
|---|---|---|---|---|---|---|---|
| 경기도 | 안산시 | 1 | 11.0 | 경남도 | 창원시 | 4 | 9.9 |
| | 화성시 | 3 | 9.0 | | 김해시 | 3 | 3.2 |
| | 시흥시 | 9 | 7.1 | | 진주시 | 3 | 1.7 |
| | 고양시 | 2 | 6.0 | | 통영시 | 1 | 0.7 |
| | 김포시 | 3 | 4.4 | | 양산시 | 2 | 0.3 |
| | 성남시 | 2 | 4.0 | | **소계** | **13** | **15.8** |
| | 의왕시 | 1 | 2.9 | 강원도 | 춘천시 | 2 | 7.4 |
| | 군포시 | 2 | 1.8 | | 평창군 | 3 | 3.5 |
| | 안성시 | 2 | 1.2 | | 철원군 | 1 | 1.9 |
| | 양주시 | 2 | 1.2 | | 홍천군 | 1 | 1.7 |
| | 부천시 | 1 | 0.3 | | 속초시 | 1 | 0.8 |
| | **소계** | **28** | **48.9** | | **소계** | **8** | **15.3** |
| 서울시 | 서초구 | 3 | 6.4 | 울산시 | 울주군 | 2 | 12.0 |
| | 관악구 | 1 | 5.0 | | 북구 | 1 | 1.5 |

| | 광진구 | 1 | 4.9 | | 남구 | 2 | 1.4 |
|---|---|---|---|---|---|---|---|
| | 양천구 | 4 | 3.5 | | **소계** | **5** | **14.9** |
| | 송파구 | 3 | 2.5 | 경북도 | 안동시 | 6 | 8.3 |
| | 종로구 | 1 | 1.9 | | 영양군 | 1 | 2.0 |
| | 용산구 | 2 | 1.6 | | 김천시 | 1 | 1.2 |
| | 성북구 | 2 | 1.3 | | 고령군 | 1 | 0.2 |
| | 마보구 | 1 | 1.2 | | **소계** | **9** | **11.7** |
| | 동작구 | 2 | 1.2 | 제주도 | 서귀포시 | 4 | 6.5 |
| | 영등포구 | 1 | 1.1 | | 제주시 | 1 | 2.5 |
| | 구로구 | 1 | 0.9 | | **소계** | **5** | **9.0** |
| | 도봉구 | 1 | 0.4 | 인천시 | 남동구 | 2 | 4.2 |
| | 서대문구 | 1 | 0.3 | | 강화군 | 2 | 2.8 |
| | 강북구 | 1 | 0.03 | | **소계** | **4** | **7.0** |
| | **소계** | **25** | **32.2** | 부산시 | 남구 | 2 | 2.0 |
| 전북도 | 익산시 | 4 | 17.9 | | 진구 | 6 | 1.7 |
| | 장수군 | 2 | 0.7 | | 사하구 | 1 | 1.6 |
| | **소계** | **6** | **18.6** | | 사상구 | 1 | 1.0 |
| 전남도 | 영암군 | 1 | 6.3 | | 수영구 | 1 | 0.1 |
| | 무안군 | 1 | 3.9 | | 강서구 | 1 | 0.1 |
| | 목포시 | 2 | 3.9 | | **소계** | **12** | **6.5** |
| | 순천시 | 2 | 3.7 | 대전시 | 서구 | 1 | 1.0 |
| | 영광군 | 1 | 0.7 | | **소계** | **1** | **1.0** |
| | **소계** | **7** | **18.5** | 충남도 | 태안군 | 2 | 4.2 |
| **합계** | | **126** | **205** | | 서천군 | 1 | 1.8 |
| | | | | | **소계** | **3** | **6.0** |

출처: 2022년 중소벤처기업부 보도자료.

위에서 알아본 바와 같이 정부는 다양한 창업지원제도를 운영하고 있지만 정작 예비창업자들은 어디서 무엇을 신청해야하는지 잘 모르는 경우가 많습니다. 이러한 경우 각종 창업지원기관이 시행하고 있는 창업준비와 관련된 무료 교육을 수강해 보는 것을 추천합니다. 왜냐하면 대다수 공공기관이 주도하는 창업교육은 창업지원제도에 대한 소개를 병행하고 있으므로 창업을 준비하는 예비창업자에게 가장 적합한 지원제도가 무엇인지 가이드 라인을 제공받을 수 있기 때문입니다. 또한 창업교육은 체계적인 성공을 위해 창업가로서의 역량 강화를 위한 기회를 제공합니다. 창업은 어떤 위기의 순간에도 빠르게 대처 가능한 역량을 창업가에게 요구하기 때문에 성공적인 창업을 위해 창업가는 다양한 역량을 갖추어야 합니다. 이러한 역량은 한순간에 습득될 수 없으며 지속적인 교육과 경험을 통해 향상됩니다. 끊임없는 도전과 실패의 산물로 성공적인 창업을 만드는데 이와 관련된 전문교육은 필수불가결한 것이며, 창업교육은 성공을 위해 기민한 대응을 할 수 있는 기업을 구성하기 위한 방법을 알아가는 구체적 과정입니다. 그러므로 다양한 창업지원제도를 소개하고 창업실패에 대한 부담감을 감소시키고 기업가 정신을 향상 시킬 수 있는 전문 창업 교육은 예비창업자라면 꼭 들어야 하는 매우 중요한 제도입니다. 창업교육은 신규 창업 아이템의 발굴, 사업타당성 분석, 사업계획서 작성, 조직관리, 세무 및 재무관리, 기술개발 창업의 결정요인, 창업과정의 개요, 창업 관련 개념, 기술요인, 자본조달 및 운영, 개인적 윤리 등 구체적인 실무교육 등 경제, 경영 분야의 다양한 교육을 포함합니다. 이러한 교육과정을 통해 정부 창업지원을 최대한 활용하여 창업비용, 위험, 시간과 노력을 최대한 절감할 수 있도록 창업계획을 수립하고 추진해야 할 것입니다.

## 3.2 창업지원 기관

그렇다면 보다 구체적으로 창업을 준비하는 분을 대상으로 창업지원 사업을 수행하고 있는 기관에 대해 알아보겠습니다. 특히 현실적으로 반려동물 산업과 연관된 창업을 진행할 때 가급적 유리한 기관을 중심으로 알아보도록 하겠습니다.

첫 번째 기관은 지방자치단체와 광역자치단체입니다. 물론 창업을 지원하는 전문기관으로 전국단위 사업을 수행하는 창업지원기관도 많이 있습니다. 하지만 창업지원사업을 처음 신청하실 경우 중앙부처의 창업지원을 신청하는 것은 현실적으로 쉽지 않은 일입니다. 두 가지 큰 이유가 있는데요. 첫 번째는 페이퍼 워크Paper work에 대한 부담 때문입니다. 창업지원 신청서는 실제로 운영을 위한 구체적 경영계획서가 아니라, 미래의 시장을 대상으로 창업자의 아이템의 개연성을 설명하고 설득하는 논리적 타당성이 매우 중요합니다. 구체적인 창업 목적 및 경쟁력, 창업 아이템의 차별성, 정책자금 외 추가자금 조달계획, 대표자의 경력과 학력 등을 스토리 텔링Story telling형태로 작성하여 다른 신청 기업 대비 상대적으로 타당성을 높이 평가 받아야만 선정될 확률이 높아집니다. 이러한 "타당성있는 사업계획서"는 초보자에게는 익숙치 않은 경우가 많습니다. 두 번째는 서류통과 이후 사업계획의 대면 발표입니다. 대표자의 사업에 대한 열정과 능력, 계획을 제한된 시간 내 평가기준에 따라 능숙하게 발표한다는 것은 쉽지 않은 도전입니다. 이러한 이유로 페이퍼 워크나 프리젠테이션에 익숙하지 않은 초기 사업자가 중앙정부의 창업지원사업에 도전하는 것은 많은 노력과 시간의 투자, 전문가의 도움이 필요합니다. 그래서 지역거주 또는 창업제한이 있고 비슷한 상황의 창업자들이 제한 경쟁을 하는 지방자치단체와 광역자치단체에서 진행하는 창업지원 사업을 도전하는 것을 우선적으로 추천합니다. 〈표 3-2〉와 〈표 3-3〉을 보면 지방자치단체와 광역자치단체의 창업 예산을 참고하여 본인에게 가장 유리한 지역을 선택하고 필요시 주거지역이나 창업지역을 이동하는 것도 고민해볼 필요가 있습니다.

그럼 지방자치단체의 창업지원사업 신청 과정을 예를 들어보도록 하겠습니다. 우선 광역자치단체와 지방자치단체의 예산규모와 사업 개수 인구 및 시장규모 등을 고려하여 시흥시에 거주지와 사업장소를 선정한다고 가정 합니다. 구글에서 '시흥시 창업지원'을 검색하니 시흥시청 공고가 눈에 띕니다. 시흥창업센터를 운영하여 창업교육, 시제품 제작, 마케팅 지원 사업을 하고 있습니다. 창업보육센터를 관내 대학교에 운영하면서 창업공간을 지원하고 있으며 서울대학교 시흥캠퍼스에서도 창업패키지 지원을 실시하고 있습니다. 또한 시흥시는 자체적으로 시의 경제활성화를 위해 시흥산업진흥원을 운영하고 있습니다. 해당 홈페이지에 들어가니 창업상담실을 운영하여 맞춤형 사업 컨설팅을 무료로 지원하고 있습니다. 예비창업자로서 첫 번째로 시도할만한 것은 우선 사업계획서 초안을 작성한 후 우선 창업지원 교육과 무료 컨설팅을 신청해 보도록 하겠습니다. 다음으로 시흥시가 소속된 광역자치단체인 경기도의 창업지원사업을 구글에서 검색해보니 경기스타트업 플랫폼과 경기도경제과학진흥원에서 운영하는 경기벤처창업지원센터 두 가지 사업이 우선 검색됩니다. 두 기관의 홈페이지 지원사업을 검색하니 수많은 지원 사업이 쏟아져 나옵니다. 경기도의 창업지원사업은 그 종류가 너무 많아 일일이 그 내용을 설명할 수는 없지만 특이하게도 반려동물창업지원 사업을 별도로 운영하고 있습니다. 2022년 기준으로 해당 사업은 반려동물 산업분야 3년 미만 창업초기 기업을 대상으로 매년 2월에 사업 신청을 받아 사업 자금, 공간, 교육, 홍보마케팅 지원을 실시하는 사업으로 검색됩니다. 이러한 방식으로 매년 초 각 사업별 지원공고와 지원방법이 공고되니 창업지원사업 신청에 관심이 있는 분들은 연말부터는 사업공고와 신청서 작성을 준비하시는 것을 추천합니다.

두 번째 기관은 중소벤처기업진흥공단입니다. 현존하는 중소벤처기업 지원기관 중 가장 오랜 역사와 지원 노하우를 가진 기관입니다. 이름에서 알 수 있듯이 주로

중소기업을 지원하는 업무를 하지만 청년창업지원업무 또한 주요사업으로 추진하고 있습니다. 대표적인 것이 저금리 융자지원사업인 청년전용창업자금과 창업교육의 일환으로 운영되는 창업성공패키지 사업을 수행하고 있습니다. 청년전용창업융자금은 선정 시 저금리 융자지원을 최대 1억 원까지 실시합니다. 창업성공패키지 사업은 창업교육을 전담할 "청년창업사관학교"에 입교하여 최대 1억 원까지의 실전창업교육비를 바우처 형태로 지원받고, 전담 창업전문가의 코칭을 받을 수 있는 사업을 말합니다. 청년창업사관학교에 입교하기 위해서는 다른 지원자들과 경쟁을 통하여 선발하게 되는데, 매년 다소 높은 경쟁률이 있다는 것을 참고할 필요가 있습니다. 또한 기술창업 중심으로 지원하기 때문에 생계형 자영업 창업 사업 아이템은 아무래도 경쟁력이 떨어진다는 점을 감안해야 합니다. 다만 청년전용 창업자금은 기술창업성뿐만 아니라 차별성과 사업성 부분을 좀 더 중요하게 생각하니 반려동물 사업을 추진할 경우 참고할 필요가 있습니다.

세 번째 기관은 창업진흥원입니다. 우리나라에서 가장 많은 창업지원제도를 운영하는 실전창업교육 기관입니다. 중소벤처기업부의 창업지원 예산과 사업의 많은 부분을 담당하고 있습니다. 우리나라의 다양한 창업지원제도에 대해 궁금하다면 대부분의 창업지원제도가 k-스타트업 홈페이지https://www.k-startup.go.kr에 통합공고되고 있으니 관련 사업을 찾아 신청해 보시기 바랍니다. 창업진흥원에서 운영하는 사업은 중앙부처인 중소벤처기업부의 사업입니다. 대학생을 대상으로 한 지원사업을 제외하면 위에서 언급했던 지자체 사업보다 지원 규모가 크다는 특징이 있습니다. 창업 아이템의 창의성과 독창성뿐만 아니라 인적 자원의 구성, 서류작성 및 대응 능력, 발표능력 제반의 요건이 갖추어져 있을 때 사업에 선정될 가능성이 높습니다. 따라서 5천만 원 이상의 지원 사업을 신청할 때는 위에서 언급한 기본 대응능력이 일정수준 이상이 된 다음에 신청하는 것을 권장합니다.

네 번째 기관은 소상공인시장진흥공단입니다. 약칭 소진공이라 불리기도 하는 이 기관은 상권정보시스템을 활용하여 영위하고자 하는 사업을 지역에 따라 분석해주는 시스템을 지원하며, 주로 소상공인 성장 지원 사업으로 사업화 자금과 판로 투자 등의 후속지원으로 최대 1억 원을 지원합니다. 신사업창업사관학교를 운영하고도 있는데요. 창업교육과 사업화 지원금 그리고 저금리 직접대출을 1억 원 지원합니다.

그밖에도 신용보증기금, 기술보증기금, 신용보증재단 등 다양한 정책금융기관이 은행과 다르게 담보없이 신용으로 창업기업에게 대출을 해주는 다양한 사업을 진행하고 있으니 창업자에게 적합한 지원사업이 무엇인지 매년 공고되는 내용을 꼭 확인해야 할 필요가 있습니다.

## 3.3 창업지원 사업의 세부 지원내용

창업은 아직도 위험하고 어려운 일이라 생각하는 분들을 위해 위에서 언급한 기관들의 세부지원 사업에 대해 설명을 드리고자 합니다. 세부적인 지원사업내용을 보시면 창업에 관심이 없던 분도 창업을 한번 도전해보는 건 어떨까 하는 생각이 드실 정도로 정부주도의 다양한 지원사업이 운영되고 있습니다. 창업지원 사업은 앞서 언급했던 바와 같이 창업사업화, 연구개발, 시설·공간, 창업교육, 멘토링, 네트워킹 등 크게 6가지 영역으로 창업지원을 실시합니다. 다양한 창업지원 사업이 있지만 그중에서도 실질적으로 사업초기에도 지원을 받을 가능성이 높은 사업에 대해 좀 더 자세히 알아보도록 하겠습니다.

먼저 창업인프라 지원정책은 창업기업의 안정적인 성장을 위해 저렴한 가격에 인프라 시설을 사용하거나 구매할 수 있도록 지원하는 사업입니다. 중소벤처기업부의 창업보육센터, 시제품 창작터, 메이커 스페이스, 창조경제혁신센터, 1인 창조 비즈니스센터 등이 대표적인 인프라 지원 사업이라 할 수 있습니다. 창업보육센터

는 중소벤처기업부에서 지정하여 운영하고 있는 창업보육센터의 노후 시설 개선 및 리모델링을 통해 창업자에게 장기간 저렴한 가격으로 사업화 공간을 제공하여 안정적인 성장지원을 하는 제도입니다. 창업보육센터는 입주 가능한 예비창업자 및 3년 미만 창업자에게 마케팅 지원, 사무 공간, 기술 및 경영 컨설팅 등의 사업화 지원을 실시하고 있습니다. 정부에서는 그뿐만 아니라 창업보육센터 운영에 소요되는 운영비와 매니저 인건비 등을 지원합니다. 시제품 창작터는 창업기업이 시제품 제작에 직면하는 어려움을 해결하기 위해, 전국에 여러 개의 시제품 창작터를 구축하고 전문가가 시제품의 디자인, 설계 및 제작을 직접 지원하고 있으며, 예비창업자 및 초기창업기업이 이용 가능합니다. 메이커 스페이스는 창업자의 창의적인 아이디어를 시제품으로 구현하는 실전 창작활동체험, 창업관련 교육과 전문메이커의 사업화 연계 지원 등을 실시하고 있으며, 공간 조성에 필요한 장비구입비, 운영비 등을 지원합니다. 1인 창조기업 비즈니스센터는 우수한 아이템을 보유한 1인 창조기업에게 법률·세무·마케팅, 공간 제공 등 다양한 경영지원을 실시합니다.

중소벤처기업진흥공단의 청년전용 창업자금은 대표자가 만 39세 이하로서, 업력 3년 미만의 중소벤처기업을 창업하는 분을 대상으로 연간 1억원 이내의 자금을 6년간3년 이후 원금균등상환 시작 약 2%의 저금리고정금리로 대출해 주는 제도입니다. 시설자금인 경우 최장 10년까지도 대출이 가능합니다. 또한 지역별로 특화된 주력사업분야가 있는데요. 이 경우에 해당되면 최대 2억까지 수혜 범위가 늘어납니다. 자금 신청 및 접수와 함께 창업필수 교육과 멘토링이 실시되며 사업계획서 등을 작성한 후 평가를 통해 융자 결정 후 대출을 실시합니다. 대출 신청은 중소벤처기업진흥공단의 정책자금 온라인 신청 페이지를 통해 가능합니다. 가급적 지자체나 중소벤처기업부의 난이도가 낮은 소액 창업지원사업에 선정되어 본 후 전문가 멘토링을 받아 받아본 뒤에 신청을 해보실 것을 권유합니다. 그 이유는 청년전용창업자금 신청 또한 사업계획서 작성과 발표 등 어느 정도 페이퍼 워크가 수반되며 체계적인 사업계획이 없는 경우 융자를 받기 어렵기 때문입니다. 제1금융권의 은행 대출을 시도하기 전 가장 먼저 시도해야 할 제도라고 생각합니다. 일반적으로 사업장이 비수도권에 위치할 경우 융자지원을 받을 가능성이 상대적으로 높다는 점도 참고할 만합니다.

다음은 같은 기관에서 운영중인 청년창업사관학교입니다. 앞서 언급한 바와 같이 사실 청년창업사관학교에 입교 후 필요에 따라서 청년전용창업자금을 순차적으로 받는 것을 권장합니다. 수도권지역의 경우 지식산업분야의 기술 창업자들과 지원대상 선정을 위해 직접경쟁을 해야 하기 때문에 조악한 반려동물용품이나 이미 보편화된 반려동물 미용, 유치원 등의 아이템으로 청년창업사관학교에 지원하는 것은 선정가능성이 높지 않을 수 있습니다. 청년창업사관학교는 2011년부터 전국에 20개 도시에 창업거점을 구축·운영을 하고 있으며 창업인재의 창의적 아이디어 사업화 및 창업자들에게 필요한 창업자금, 교육, 멘토링, 투자유치 IR, 창업세미나, 마케팅·판로개척, 글로벌 진출 등 지원프로그램 등을 지원합니다. 1년간의 교육기간 동안 약 1억 원의 사업비를 바우처 집행의 형태로 무료로 제공하며 이후 민간투자사들과의 연계되어 후속투자를 받을 가능성이 높다는 점도 기억해야 할 점입니다.

마지막으로 투자수익을 목적으로 하는 엔젤투자와 벤처캐피탈으로부터 IR을 통하여 진행되는 민간투자자금을 소개하고자 합니다. 우선 엔젤투자에 대해 설명 드리겠습니다. 엔젤Angel투자란 개인들이 돈을 모아서 창업하는 벤처기업에 필요한 자금을 대고 주식으로 그 대가를 받는 투자 형태를 말합니다. 통상 여러명의 투자자들이 돈을 모아 투자 조합을 결성하여 투자를 합니다. 즉 투자와 컨설팅 등의 기업지원을 통해 기업의 가치를 극대화 하고 기업을 코스닥 시장에 상장시키거나 대기업에 M&A인수합병시켜 엔젤투자 시 보상으로 받은 주식의 가치를 상승 시켜 투자이익을 회수하는 투자 방식을 의미합니다. 직접투자와 간접 투자 방식이 있는데요. 크라우드 펀딩이나 IR기업 설명회 등을 통해 기업과 직접 접촉하여 투자자의 책임하에 투자를 실행하는 직접 투자 방식과 49명 이하의 투자자가 펀드개인투자조합를 결

성하여 펀드매니저의 역할을 하는 제네럴 파트너가 투자대상을 선정하여 투자를 실시하는 간접 투자 방식이 있습니다. 투자가 성공하여 기업가치가 상승하고 상장이 성공적으로 된다면 수십배의 차익을 실현할 수 있지만 기업이 부도가 날 경우 투자액의 대부분이 투자자의 손실로 확정된다는 점에서 손해를 만회하기 위해 담보 등을 경매조치 하는 금융기관 대출과 차이점이 있습니다. 이러한 점을 보면 알 수 있듯이 창업자 입장에서는 창업초기 조건 없이 성장가능성만을 믿고 하이 리스크를 감수하는 천사와 같은 투자라 해서 엔젤투자라 지칭합니다.

다음으로 벤처캐피탈Venture Capital에 대해 설명 드리고자 합니다. 벤체 캐피탈이란 기술력과 성장 잠재력이 우수하지만 자금력과 경영 및 영업능력이 부족한 창업초기 스타트업start-up을 대상으로 무담보 주식 형태로 투자를 실시한 후 취득한 주식을 기업을 성장시킨 이후 코스닥 등에 상장시켜 이익을 얻는 기관입니다. 앞에서 언급한 엔젤투자와의 차이점은 투자의 규모인데 엔젤투자가 1억 원 내외의 자금을 주로 투자하는 반면 벤처캐피탈은 그 이상의 비교적 규모가 큰 금액으로 투자하게 됩니다. 그렇기 때문에 기업에 요구하는 투자조건이 많고 복잡할 뿐만 아니라 사모펀드의 경우 투자 수익의 회수를 목적으로 하기 때문에 투자기관의 이익을 위해서라면 경영권에 간섭하거나 구조조정 등을 요청하는 등 대주주로서 적극적인 경영참여를 한다는 점을 참고하실 필요가 있습니다. 벤처캐피탈 투자를 받을 때는 가급적 중소벤처기업부에 등록되어 모태펀드 출자를 받은 벤처캐피탈에 투자를 받는 것을 추천합니다.

이렇듯 창업을 결심할 경우 본인의 자본금 외에 다양한 외부 자금지원을 받을 수 있으며 그 밖에도 다양한 지원제도를 활용한다면 리스크를 최대한 줄이며 효율적인 창업을 할 수 있을 것입니다. 즉 창업은 반드시 돈을 많이 가지고 있거나 빚을 내서만 도전할 수 있는 것이 아니라는 점을 잊지 마시기 바랍니다.

Ⅳ

실전! 반려동물 창업실무

# 반려동물 창업 아이템 발굴

*Companion Animals*

# 반려동물 창업 아이템 발굴

## 4.1 창업 아이템이란?

2장을 통해 반려동물의 시장현황과 트렌드를 살펴보고 공공 부문에서 이루어지고 있는 다양한 창업지원 정책들을 알아보았다면 본 장에서는 반려동물과 관련된 창업 아이템을 본격적으로 생각해보도록 하겠습니다.

창업은 자본주의 경제 체제 하에서 이루어지는 경제활동의 하나로 볼 수 있습니다. 일종의 직업적 선택 중의 하나라고 볼 수도 있는데요, 그런데, 경제활동을 시작하면서 인간은 누구나 세 가지 선택을 고려하게 됩니다.

하고 싶은 일은 개인의 선호도가 적극적으로 반영된 경제활동을 의미하며, 해야 할 일은 최소한의 생계유지를 위해 또는 특정 목적을 완수하기 위해 개인의 선호도와 관계없이 이행해야 하는 의무가 부과된 그 무엇이라고 볼 수 있고, 가능한 일은 개인의 능력과 성취 가능성을 고려한 일이라고 볼 수 있습니다. 물론 가장 합리적인 최적의 선택은 하고 싶은 일과 해야만 하는 일, 할 수 있는 일이 모두 겹쳐지는 부분을 찾는 것일 테지만, 현실적으로 세 부분이 모두 동시에 겹쳐지는 적합한 일

을 찾기란 쉽지 않을 것입니다. 개인이 하고 싶은 일이 많아질수록 해야 하는 일 즉 감당해야 하는 의무적인 일들이 많아집니다. 물론, 이러한 과정에서 할 수 있는 일 즉 능력과 성취 가능성도 높아질 수 있습니다만 현실적으로 가장 합리적인 선택은 하고 싶은 일을 명확히 하여 범위를 줄인 다음 우선순위를 정하여 단계적으로 추진해 가는 방법이 해야 하는 일과 할 수 있는 일의 효율성을 높인다고 볼 수 있습니다.

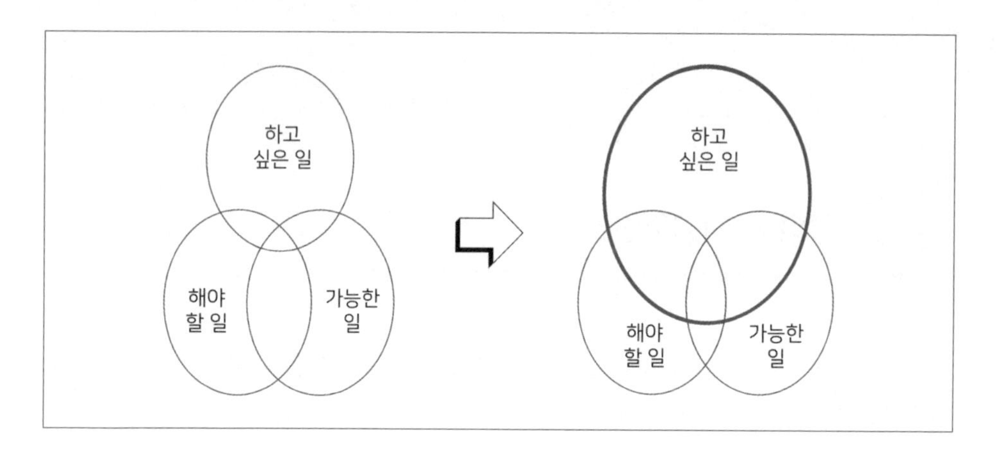


인간의 여러 가지 경제활동 중 '창업'은 하고 싶은 일과 해야 할 일 그리고 할 수 있는 일을 무엇보다 냉정하고 객관적이며 명확하게 점검하면서 시작해야 하는 특별한 경제활동이라고 볼 수 있습니다. 일반적인 경제활동과 달리 창업은 투입된 자본금을 계속 소진하면서 특정한 기간 내에 반드시 수익을 확보해야 하고, 그러한 수익이 지속성을 담보할 수 있을 것인가가 가장 핵심적인 요소라고 할 수 있기 때문입니다. 따라서 투입되는 자본과 시간의 낭비를 막기 위한 철저한 사전 검증과 계획적 활동이 전제되어야 합니다.

이렇게 효율적인 창업활동을 전개하기 위해서 우선, 창업자는 먼저 창업 아이템이라는 것에 대한 개념을 명확히 할 필요가 있습니다.

예비 창업자는 자신이 가지고 있는 경력과 경험, 또는 특정한 자격과 통찰력 등을 바탕으로 내가 한다면 저러저러한 사업이 잘 되겠구나 라고 다소 추상적이기는 하지만 창업의 동기를 유발시키는 생각을 가질 수 있습니다. 특정 근거를 수집함이 없이 또는 독자적인 노력으로 조사활동을 통해 검증해봄이 없이 예비창업자의 직관에 의하여 아이템을 생각해 보는 이러한 단계를 '아이디어 발굴'의 단계라고 합니다. 적어도 특정한 아이템을 가지고 사업을 생각해 볼 수 있는 사람이라면 다른 사람들에 비해 해당 분야에 대해 보다 많은 관심과 경험을 가지고 있을 가능성이 큽니다. 따라서 전혀 허황된 발상이라고 볼 수는 없지만, 그렇다고 해서 매 순간 개인의 주관적인 특정 경험을 계기로 아이디어 단계에서 떠올려지는 모든 것을 창업을 구체화할 수 있는 아이템이라고 할 수는 없습니다. 창업 아이템이라는 것은 무엇인가 체계적으로 조사되고 분석된 결과를 바탕으로 준비하여야 실패의 위험을 최소화할 수 있을 것이고, 창업 이후 전개될 상황에 대하여 객관적으로 예측가능성이 높아야만 여러 가지 리스크 상황에 기민하게 대처할 수 있기 때문입니다.

따라서 예비창업자가 자신의 경험을 바탕으로 또는 여러 가지 상황에서 통찰력을 통하여 얻게 되는 다양한 생각들과 창의적 발상들을 창업 아이디어라고 볼 수 있다면, 아이템이란 이러한 아이디어를 보다 체계적인 관점에서 검증에 필요한 정보를 수집하고 분석한 결과물이라고 할 수 있습니다. 이때 말하는 정보를 수집한다는 것은 지속가능성을 전제로 제반의 정보를 수집하는 것을 말합니다. 그런데 사업이 지속 가능하려면 최소한 두 가지는 반드시 전제되어야 합니다. 첫째는 제공하고자 하는 제품이나 서비스를 가능하게 하는 원부자재 등 공급의 지속가능성을 의미하며, 둘째는 제품이나 서비스를 지속적으로 소비할 수 있는 수요의 지속가능성을 의미합니다. 그렇다면 이러한 정보를 수한 해서 가능성을 점검하고 검토한 결과만을 가지고 창업 아이템Business Item을 확정할 수 있을까요? 그렇지 않습니다. 창업 아이템을 확정하기 위해서는 창업 이후에 맞닥뜨릴 수 있는 위험성에 대한 최소한의 검증 절차가 필요합니다. 창업 아이템은 이러한 정보의 수집결과를 바탕으로 현장에서 최소한의 검증을 이행해 보고 사업적 성공 가능성을 시뮬레이션 해본 결과, 최종적으로 창업을 하기로 구체화된 사업화 아이템을 말합니다. 이때 말하는 검증이란 실제 창업을 하기로 한 지역의 입지상권내 경쟁점포를 조사하고, 반려동물 보호자의 소비 행동반경을 확인하며, 소요되는 투자금과 매달 필요로 하는 비용, 그리고 수입을 시뮬레이션해본 결과 일정 기간 내 투자금 회수가 가능하며 수익화가 가능하다는 검토가 끝난 경우를 의미한다는 것입니다.

예를 들어 보겠습니다. 멍멍군은 어려서 부터 다양한 품종의 반려견을 길러온 경험을 가지고 있으며, 문제행동견 행동교정 교육에도 관심을 가지고 있어 반려동물 아카데미 교육도 수료하고, 인터넷 등에서 적극적인 동호회 활동도 하는 등 반려견에 대한 풍부한 경험과 지식을 가지고 있습니다. 멍멍군은 반려견을 기르면서 주로 가까운 동네 반려동물 미용실과 용품점을 이용하고 있습니다. 그런데, 멍멍군은 평소 이용하는 동네 반려동물 미용실의 부실한 서비스에 불만을 가지고 있었고, 동네 반려동물 용품점에서 제공하는 사료 및 품목들이 다양하지 못하다는 생각을 가지고 있었습니다. 특히 이러한 부족한 서비스와 품목에도 불구하고 동네 반려동물 용품점은 늘 고객들이 대기를 할 정도로 붐벼 있었고 때문에 고객에 대한 응대와 서비스는 더욱더 멍멍군의 기대치에 이르지 못하고 있었습니다. 이에 멍멍군은 그동안 본인이 가진 반려견에 대한 경험과 지식을 가지고 내가 우리 동네에서 반려동물 용품점과 펫샵을 개업한다면 지금 동네의 점포보다는 훨씬 더 많은 고객을 유치할 수 있을 것이라는 생각에 도달하게 되었습니다. 특히 멍멍군은 문제견을 취급할 수 있는 기술과 동호회를 통해 얻게 된 다양한 반려동물 용품에 대한 정보를 가지고 있었으므로, 이러한 점을 적극 활용한다면 현재 동네의 점포보다는 훨씬 더 유리하게 고객을 유치할 수 있을 것이라고 확신하게 되었습니다.

멍멍군은 문제견 취급 전문 반려동물 미용샵을 강조하고, 반려동물 품종별로 특화된 사료 및 용품을 차별화하여 진열한다면 현재의 동네 점포보다는 훨씬 더 차별화된 서비스가 가능할 것이라고 확신하여 창업을 고려 중입니다. 이러한 시점을 바로 '창업 아이디어 발굴'의 단계라고 볼 수 있습니다.

그렇다면 멍멍군이 아이디어를 창업 아이템으로 구체화하기 위해서는 그 다음 단계에서는 무엇을 해야 할까요?

우선 멍멍군은 창업을 결심한 동기가 되었던 내용들에 대한 정보를 보다 구체적으로 수집할 필요성이 있습니다. 예컨대 현재 동네 점포에서는 취급하고 있지 않지만, 인터넷 등 반려동물 동호회에서는 인기리에 판매되고 있는 사료 및 용품들의 품목을 일목연하게 정리하고, 특히 반려견 품종별로 동호회 활동 등을 통하여 보호자들이 추천하는 제품들을 제조사와 가격별로 정리해보는 것도 필요합니다.

이러한 기초 정보를 바탕으로 멍멍군이 동네 창업을 했을 경우, 각각의 취급 품목을 어디서 얼마에 조달 받을 수 있을지 또한 정보를 수집해야 합니다. 일부 품목이 수입품이라면 국내에 수출입을 전문적으로 유통하는 도소매점이 있는지, 도매가격은 얼마이며 유통기한과 결제조건, 배송과 반품조건도 어떠한지도 알아보아야 할 것입니다. 이와 동시에 멍멍군의 동네에서 반려견 품종별 동호회에서 거론된 반려견 품종들이 얼마나 존재하는 지도 조사해야 합니다. 지역내 등록된 반려견 수와 품종, 그리고 이들이 주로 이용하는 반려용품점이 어디인지도 조사해야 할 것입니다. 가능하면 경쟁점포라 할 수 있는 반려용품점에 대한 이용주기를 파악하는 것도 도움이 될 것입니다.

이 정도 조사를 한 다음 멍멍군은 바로 창업을 할 수 있을까요? 아직까지는 아닙니다. 멍멍군은 현재까지는 다양한 정보를 수집하는 단계에 머물러 있을 뿐입니다. 창업을 하기 위해서는 가장 중요한 단계라 할 수 있는 창업 아이템의 사업성 검토 단계를 거치지 않았기 때문입니다.

멍멍군이 해야 할 다음 단계는 이러한 정보를 바탕으로 어디에 어떻게 펫샵을 운영할 수 있을 것인가를 검토해 보아야 합니다. 이를 위해서는 멍멍군이 보유하고 있는 자본금 규모를 고려할 때, 적합한 입지점포를 오픈할 장소를 결정하는 것를 발굴해야 하며, 이러한 점포 오픈에 필요로 하는 초기 물품 비용과 인테리어 비용도 고려해

야 할 것입니다. 뿐만 아니라 오픈을 한 이후에 매월 어떠한 품목이 몇 개나 팔릴 수 있을 것인지를 계산해 보아야 하며, 점포를 운영하기 위해 필요한 경비변동비+고정비를 고려할 때 손해를 보지 않으려면 최소 얼마의 매출을 매달 유지해야 하는지를 따져봐야 합니다. 게다가 이러한 수익금을 이익으로 적립한다고 가정하였을 때, 인테리어 비용 등 초기 투자비를 회수하려면 몇 년 정도가 걸릴지도 따져봐야 합니다. 이러한 과정에서 경비를 절감하기 위해서 취급할 품목을 줄이거나 늘이기도 하고, 입지할 장소를 변경하기도 하며, 목표 매출을 달성하기 위한 수요 즉 매월 목표고객이 정말로 가능한지도 검증해보아야 합니다. 이같은 일련의 과정을 사업 타당성 분석이라고 하며, 이 결과를 통하여 창업의 성공가능성을 검토를 1차적으로 마친 상태에서 최종적으로 창업을 하기로 구체화된 업종을 '창업 아이템'이라고 말할 수 있습니다.

## 4.2 아이템의 발굴 방법

창업을 준비하는 예비 창업자는 대개 창업의 대상이 되는 아이템을 먼저 마음속으로 결정해놓은 경우가 많습니다. 하지만, 창업의 성공 가능성을 높이기 위해서는 보다 체계적인 접근이 필요합니다. 그렇다면 창업 아이템을 발굴하는 데는 특별한 방법이 있는 것일까요? 일반적으로 창업 아이템을 발굴하기 위한 먼저 고려되어야 하는 것은 창업의 배경과 목적이 무엇인가입니다.

창업의 이유가 가족과 본인의 생계를 유지하기 위해서 경제활동을 통하여 당장 수익을 창출해야만 하는 상황에 있는 경우도 있을 수도 있으며, 직장 생활을 하면서 부가적인 수익원을 확보하기 위한 경우도 있을 수 있고, 새로운 기술이나 제품,

서비스를 창출하여 반려동물 시장에서의 기회를 발견하고 미래의 직업으로써 창업을 도전해 보고자 하는 경우도 있습니다. 이러한 각각의 창업의 목적과 배경에 따라서 창업을 구체화 하는 방법은 달라질 수밖에 없습니다. 창업의 준비 기간과 투입되는 자본, 수익화 실현시기 등을 고려해야 하기 때문입니다.

그러나 일반적으로 창업의 배경과 목적이 어떠하건 간에 창업의 아이템의 발굴과 창업의 추진과정은 시장에서 새로운 기회를 발견하고 그 기회가 차별적이고 경쟁적인 요소로 수익을 창출할 수 있는지를 체계적인 일련의 과정을 통하여 검증해 나감으로써, 실패의 위험을 최소화 할 수 있을 것입니다. 이때 말하는 체계적이라 함은 객관적이고 논리적인 절차와 검증의 과정을 수단으로 이행해 봄을 의미합니다.

특히 소상공인이나 자영업의 경우, 충분히 준비되지 않은 창업으로 인하여 실패의 어려움을 겪는 경우를 많이 볼 수 있습니다. 취업의 경우에는 본인의 비전과 적성 등이 맞지 않으면 새로운 직장을 찾아 퇴사할 수 있지만, 창업의 경우에는 일단 시작된 비즈니스를 지속할 수 없게 되는 경우에는 결과적으로 반드시 경제적, 시간적, 정신적 손실을 감수할 수밖에 없습니다. 때문에 창업의 경우에는 가급적 체계적인 아이템 발굴의 과정이 필요하다고 말할 수 있습니다.

[창업의 배경]

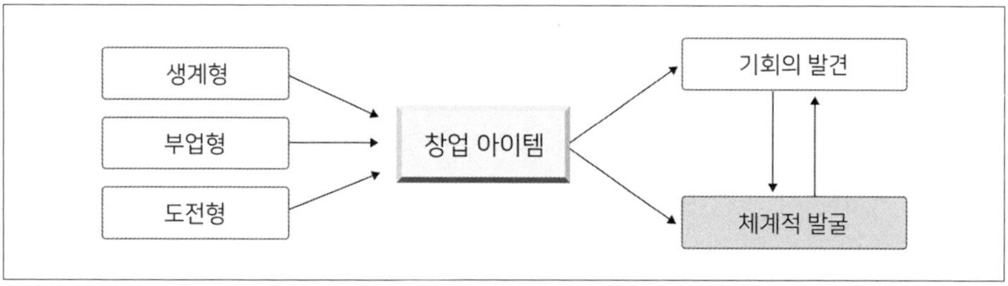

생계형
부업형
도전형
창업 아이템
기회의 발견
체계적 발굴

그렇다면 이때 말하는 체계적 창업 아이템의 발굴 방법에는 어떠한 것들이 있을까요? 크게는 시장의 소비자 니즈를 분석하는 방법과, 기술 및 소비 트렌드를 활용

하는 시장중심 접근방법과 예비 창업자의 경험과 기술, 자본의 강점을 활용하는 내부 역량 중심 접근 방법을 생각해 볼 수 있습니다.

## 4.3 기존 소비자의 문제와 니즈를 분석한 창업 아이템 발굴

기존의 시장에는 이미 경쟁제품과 점포가 존재하고 있습니다. 그렇다면 기존의 제품과 점포에서 제공하고 있는 서비스는 모두 소비자의 욕구를 충족시키고 있는 것일까요? 기존의 소비자의 문제와 니즈를 통한 창업 아이템 발굴은 이같은 질문을 통하여 새로운 창업 아이템과 서비스를 도출하는 과정을 말합니다.

현재 제품과 서비스를 이용하고 있는 소비자들이 기존의 제품들에 만족하지 못하는 부분이 무엇인지를 찾아내고, 그 솔루션을 제공한다면 기존 소비자를 창업아이템으로 유입시킬 수 있을지를 판단해 보는 것입니다.

이를 위해서는 다음의 분석 단계를 거쳐 생각해 보아야 합니다.

### (1단계) 목표고객의 정의: 현재 제품과 서비스를 이용하고 있는 고객은 누구인가?

이 단계에서는 목표 고객을 세분화 할수록 창업 아이템의 인사이트Insight를 도출해 낼 수 있습니다. 예컨대, '반려동물을 키우고 있는 모든 국민'이라고 정의하는 것보다는 '경기도 용인시 처인구에서 반려동물을 키우고 있는 주민' 또는 보다 구체적으로 '용인시 처인구에서 반려견을 키우고 있으면서 맞벌이를 하고 있는 30대~40대 직장인'이라고 정의하는 방식이 그 예입니다. 목표고객의 정의가 구체적인수록 창업 아이템의 차별화 요소를 도출하기가 용이해 집니다.

### (2단계) 숨겨진 니즈의 현황 분석: "소비자가 가지고 있는 새로운 욕구나, 숨겨진 불만은 무엇인가?"

이 단계에서는 현재의 고객의 욕구를 분석하는 단계입니다. 현재 용인시 처인구에서는 주로 어느 점포나 서비스를 활용하고 있는지, 이러한 과정에서 현재 용인시 처인구에 소재하는 반려동물 관련 업체들이 제공하고 있는 제품과 서비스에 만족하고 있는지? 주된 불만의 요소는 무엇인지, 새로 요구하고 있는 서비스는 무엇인지를 파악해보는 것입니다.

이러한 고객불만과 니즈를 파악하기 위해서는 포탈사이트에 기록된 고객후기를 활용한다던가 해당 지역의 인터넷 카페 등에서 활동하고 있는 소비자들이 커뮤니케이션하고 있는 내용들을 참조할 수 있으며, 그 밖에 반려동물에 대한 다양한 통계자료를 참고할 수도 있습니다. 때때로 보다 적극적으로 예비창업자는 인터넷 설문조사 등의 방법으로 고객들의 불만요소를 직접 조사할 수도 있습니다. 이렇게 소비자가 제품이나 서비스를 이용한 결과에 대하여 다양한 형태로 지불가치에 대한 의견을 나타내는 것도 넓은 의미의 VOCVoice Of Customer에 포함된다고 볼 수 있습니다. 이 단계에서 중요한 것은 다양한 매체와 현황 자료를 가급적 많이 수집하는 하는 것과 수집된 자료들을 일목연하게 정리하는 것이 중요합니다.

VOC(Voice of Customer)
제품이나 서비스를 제공하는 기업의 A/S센터 등에 접수된 고객의 불만사항이 적절히 관리되고 처리되는 과정을 지표화함으로써 경영관리의 효율적 수단으로 활용하는 고객관리 시스템

### (3단계) 숨겨진 고객의 니즈의 인과관계 분석: "소비자가 그러한 니즈를 갖게 된 이유와 원인은 무엇인가"

2단계에서 파악된 소비자의 불만의 요소, 또는 찾아낸 새로운 니즈를 분석하는 단계로 단순히 현황자료를 수집하는 것에 머물지 않고 그러한 원인과 결과를 도출하는 단계입니다. 이 단계가 가장 중요한 단계로 예비 창업자는 겉으로 나타난 고객의 불만이나 욕구의 내면에는 어떠한 숨은 니즈가 있는가를 찾아내야 합니다. 특히 이러한 니즈는 고객이 가지고 있는 3가지 고통 요소를 모두 동시에 가지고 있을수록 경제적 교환가치를 가지는 즉 새로운 창업 아이템의 제공 가치를 만들어 낼 수 있을 확률이 커집니다. 그렇다면 고객이 느끼는 고통의 3대 요소란 무엇일까요?

첫째 고통의 정도입니다. 특정 제품이나 서비스를 이용한 결과 불만족의 정도가 너무나 커서 다른 구매처를 찾는다던지, 아니면 강력하게 항의를 하는 등 불만의 정도가 매우 큰 사안을 예시할 수 있습니다.

멍멍군이 인근 반려용품점에서 사료를 살 때마다 원재료에 민감한 자신의 반려견에 맞는 제품을 선택할 수 있는 선택의 폭이 매주 작아 불만이라면, 멍멍군은 동네 반려용품점에서 사료를 살 때 불만이 있을 것입니다.

"사장님! 연어가 들어가지 않은 사료 좀 가져다 놓으시면 안될까요? 여기 제품들은 모두 연어가 들어간 사료만 있어 다른 사료를 선택할 수 없거든요?"

집에 돌아온 멍멍군은 연어가 들어간 사료를 잘 먹지 않은 반려견을 보고 다시 화가 치밀어 오릅니다.

둘째 고통의 빈도입니다. 그러한 고통스러운 불만족이 1년에 한 번 발생하는 것과 1년 12개 월 동안 매달 한 번씩 물품을 구매하거나 서비스를 이용할 때마다 나타나는 것을 비즈니스적인 차원에서는 전혀 다른 의미를 갖게 됩니다.

멍멍군은 두 달마다 주기적으로 반려견의 사료를 사고 있습니다. 여러 가지 사정상 동네 반려용품점을 주로 이용하고 있는데요, 그때마다 불만이 생깁니다.

“사장님, 지난번에 부탁드렸는데, 이번달에도 또 없네요. 어휴 적립 포인트 때문에 이 가게를 이용하기는 하는 데요, 다다음달에는 꼭 좀 준비해 주시면 안될까요?” 멍멍군은 두 달 후 다시 이 점포를 찾았으나, 역시 마찬가지입니다. 멍멍군은 두 달마다 점포를 찾을 때마다 기분이 나빠집니다.

셋째 고통의 지속성입니다. 고통의 지속성은 고통의 정도와는 다른 개념입니다. 한번 고통스러운 상황이 발생했을 때 그것이 얼마나 지속되느냐를 의미하는 것입니다. 1년에 한차례 한 두시간 고통스럽고 그 이후 고통이 지속되지 않은 것과 한 번 발생한 문제로 1년 내내 고통을 겪는 문제는 다른 문제일 것입니다.

멍멍군은 자신이 기르는 반려견이 준비한 사료를 먹지 않을 때마다, 혹은 사료를 먹고 알러지가 나타낼 때마다 화가 치밀어 오릅니다. 아침에 식사를 거르는 반려견을 보게 되면 해당 점포에 대한 불만이 떠오르고, 직장에 출근을 해서 일을 하는 내내, 그리고 돌아와서 반려견과 생활을 하는 내내 불만이 쌓여 갑니다.

### (4단계) 해결방안을 검토: “어떻게 문제를 해결할 수 있는가? 문제가 해결된다면 소비자의 구매행동과 결정은 변경될 수 있는가?”

예비 창업자는 이 단계에서 두 가지를 고려하면서 문제 해결방안을 생각해 볼 수 있습니다. 먼저 고통을 겪고 있는 소비자가 많이 있는가? 둘째로 예비 창업자가 해결방안을 창출할 수 있는가입니다. 멍멍군의 경우에 해당 점포를 이용하는 다른 고객들 역시 상당히 많은 소비자가 다양한 재료가 함유된 사료를 구비하지 않아 불만인 점을 발견하고, 멍멍군이 알고 있는 사료 도매 업체를 통해 해당 제품을 판매할 수 있는 가능성을 알게 되었다면 1차적인 해결방안을 모색해본 것이라고 볼 수 있습니다. 보다 구체적인 해결방안으로 멍멍군은 반려견 품종별 주문형 사료 제공 온라인 샵을 생각해 볼 수도 있을 것입니다. 하지만 단순히 반려견 품종별 주문형 사료를 온라인으로 판매한다고 해서 기존의 이용 고객들이 모두 멍멍군의 온라인 점포를 통하여 사료를 구매할 것인가는 다른 문제입니다. 기존 점포에서 그밖의

어떤 요인으로 소비자들을 관리하고 유지시켜나가고 있는지도 생각해 보아야하며, 창업을 하기 위한 충분한 고객수가 존재하고 있는지 또한 검증해야할 과제라고 볼 수 있습니다.

이상과 같은 창업 아이템 발굴을 위한 활동의 결과는 다음과 같이 정리해 봅니다.

| 우선 순위 | 발견한 소비자 문제 | 고통의 강도, 빈도 지속성 | VOC | 숨겨진 니즈 | 문제의 원인 | 해결방안 | 채택여부 |
|---|---|---|---|---|---|---|---|
| 1 | | | | | | | |
| 2 | | | | | | | |
| 3 | | | | | | | |
| 4 | | | | | | | |

## 4.4 트렌드를 활용한 창업 아이템 발굴

경제활동을 하는 소비자는 다양한 형태로 시장의 트렌드를 이끌어 갑니다. 이때 말하는 트렌드란 일시적인 현상으로 화려한 유행을 이끌지만 그 지속기간이 짧은 패션Fashion과는 다른 개념입니다. 패션은 지속적인 사회현상이라기보다는 제품이나 서비스 그 자체에 적용되어 일시적으로 발현되는 현상을 말합니다. 때문에 패션 그 자체를 창업 아이템으로 구체화 시켜 나가기에는 상당한 위험성을 내포하고 있습니다. 창업은 수년동안 지속적인 거래관계가 발생할 수 있는 아이템을 발굴하는 것을 의미하기 때문입니다. 반면 트렌드Trend란 특정 기간동안 상당히 지속적인 변화가 관찰되는 것을 의미하는 것으로 이러한 트렌드를 잘 읽어내고 활용한다면 창업아이템을 발굴해 낼 수 있습니다.

최근에는 분야별 빅데이터의 수집과 활용이 가능해지고 특히 데이터 거래소의 등장으로 특정 산업분야에 대한 트렌드 분석도 가능해졌습니다. 반려동물산업과 관련된 다양한 데이터들도 트렌드 보고서의 형태로 공공과 민간부문에서 공개되고 있습니다. 공공부문의 데이터 무료 서비스로는 공공데이터 포털data.go.kr을 활용해 볼 수 있습니다. 아래는 공공데이터 포털에 “반려동물산업”이라고 검색한 경우입니다.

www.data.go.kr 공공데이터 포털 초기화면 | 검색결과(2021.12.05.)

위에서 보는 것처럼 경기도 용인시의 반려동물 현황에 대한 데이터를 무료로 쉽게 열람하고 다운로드 받아 활용할 수 있습니다.

제공되는 자료의 수준 또한 반려동물의 등록현황, 등록 동물 수, 대행업체 등록 수, RFID종류, 등록품종 수, 등록 소유자 수, 동물소유자당 등록물 수, 해당동의 등록대행업체 수 등의 데이터를 포함하고 있음을 알 수 있으며 이러한 데이터는 비교적 최근 데이터로 수시로 업데이트 되어 공개되고 있습니다. 뿐만 아니라 농림축산식품부의 반려동물연관 산업분석에 대한 자료도 공개되어 있음을 알 수 있습니다.

민간부문에서는 보다 구체적으로 트렌드에 대한 분석 보고서를 발행 판매하고 있습니다. 아래는 다양한 산업분야의 소비자 트렌드에 대한 분석을 수행하고 있는 민간 업체에서 반려동물에 검색을 한 결과입니다. 이러한 민간 분석 업체는 특정한 업종의 소비자 트렌드에 대한 조사를 의뢰받아 수행하기도 하고, 자체적으로 실시한 주기적인 트렌드 분석보고서를 발간하기도 합니다. 일부 서비스는 무상으로 제

공되는 것이 아니라 유료 서비스로 진행된다는 점에 유의하여야 합니다.

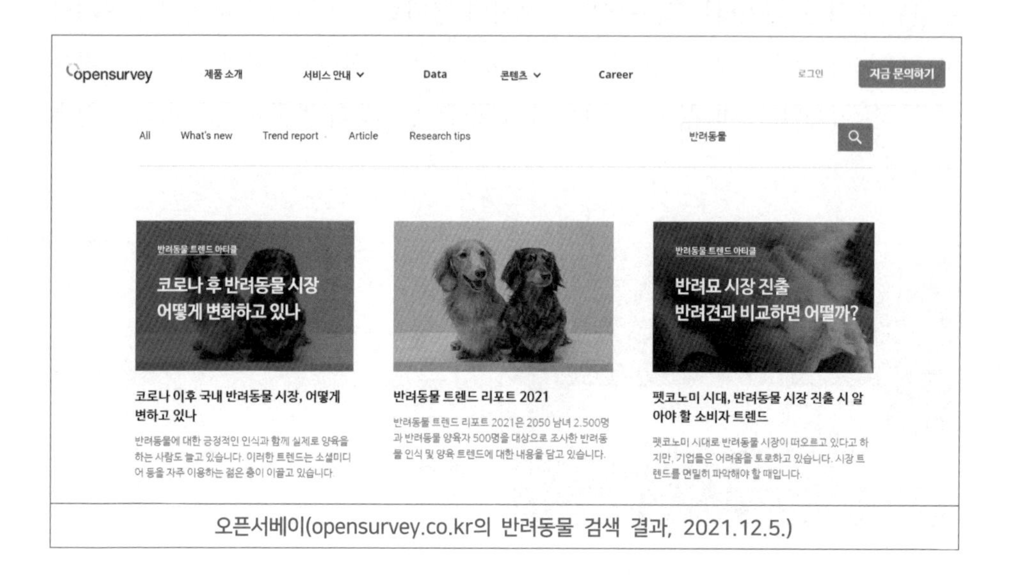


오픈서베이(opensurvey.co.kr의 반려동물 검색 결과, 2021.12.5.)

2019년 12월 2일에는 국내의 첫 민간 데이터 거래소인 KDX한국데이터 거래소가 출범하였습니다. 이러한 데이터 거래소에서는 단순한 데이터의 수집과 정보를 제공하는 것뿐만 아니라 데이터를 가공하여 필요한 정보를 제공하는 형태의 데이터를 구입할 수 있습니다. 이러한 데이터 거래소는 주로 유료 정보를 취급하기 때문에 데이터의 유용성과 구체성이 매우 높다는 장점이 있습니다.

다음 예시에서 볼 수 있듯이 특정 반려동물 온라인 스토어의 구체적인 판매내역을 분석해 볼 수도 있으며, 국내 대형 카드사의 반려동물 보유자의 소비행태에 대한 상세보고서도 구입할 수 있습니다. 반드시 유료 데이터만 제공되는 것은 아니어서 '2020년 상반기 펫푸드 온라인 구매 Insight'와 같은 무료자료가 제공되고 있음을 확인할 수 있는데, 이같은 자료는 공공부문의 보고서가 아니라 특정 민간 기업의 분석 보고서이라는 점을 감안하여 활용할 필요가 있습니다.

KDX한국데이터거래소(https://kdx.kr의 반려동물 검색 결과, 2021.12.5.)

이처럼 트렌드를 활용한 창업 아이템 발굴은 최근의 시장동향을 분석한 객관적 자료를 통하여 새로운 창업기회를 발굴할 수 있다는 측면에서 그 유용성이 있으나, 구체적으로 트렌드에서 어떤 부분을 사업화 아이템으로 선정할 것인가에 대해서는 예비창업자의 통찰력을 필요로 하며, 비즈니스 모델 구축 가능성을 추가적으로 검토해야한다는 점을 잊지 말아야 합니다.

## 4.5 창업자의 보유역량(경험, 기술, 자본 등)을 활용한 창업아이템 발굴

예비 창업자가 보유하고 있는 자원과 역량을 적극적으로 활용하여 창업 아이템을 구체화 시키는 방안도 생각해 볼 수 있습니다. 이때 말하는 보유자원이란 경험, 기술, 자본 등을 말합니다.

첫째, 예비창업자가 반려동물과 관련된 전공을 하여 전문성을 확보하고 있으며, 반려동물 관련 점포에서 오랜 동안 일을 한 경험을 가지고 있다면 이러한 경력 그 자체도 새로운 경쟁우위를 확보할 수 있는 자원이 될 수 있습니다.

멍멍군이 반려동물 학과를 졸업하고 반려동물 용품점에서 몇 년간 일을 한 경험을 보유하고 있는 상태에서 창업을 계획 중이라면 그러한 경험이 없는 다른 사람보다는 훨씬 더 창업의 성공확률이 크다고 볼 수 있기 때문이며 이러한 경험은 마케팅적으로도 소비자를 유인할 수 있는 좋은 수단으로 활용될 수 있습니다. 일반적으로 반려동물을 기르고 있는 소비자뿐만 아니라 일반적인 소비자도 구매하고 싶어하는 품목에 보다 높은 전문성을 가지고 있는 판매자에게 어필되는 특징을 가지고 있습니다.

둘째, 기존의 제품이나 서비스를 개선시킬 수 있는 특정한 기술을 보유하고 있고 그러한 기술의 도입이 원가를 절감하거나, 새로운 차별적 가치를 만들어 낼 수 있다면 이 역시 창업 아이템으로 활용될 수 있는 훌륭한 자원이 될 수 있습니다.

예컨대 기존의 반려동물 용품의 문제점을 개선한 새로운 제품을 만들어 낸다던가 반려동물의 수명과 건강문제를 해결하는 과학적 솔루션을 가지고 신제품을 출시하여 시장의 반응을 이끌어 내는 경우를 의미합니다. 물론 이때 말하는 기술이란 단순한 숙련도를 의미하는 것이 아니라 기술이 탑재된 제품과 서비스가 소비자의 구매 결정요인으로 작용할 수 있는 도구가 되어야 합니다. 특히 기술을 활용한 창업의 경우에는 다양한 공공 부문의 창업지원 사업의 지원을 받을 수 있는 장점이 있습니다. 기술창업이 성립하려면 기술을 권리화하여 경제적 독점성을 확보하는 것이 중요한데, 흔히 말하는 산업재산권중 하나인 특허 출원과 등록을 예시할 수 있습니다. 만약 예비 창업자가 특정 반려동물 용품을 개발하고 디자인특허나 실용실안 등의 권리를 확보하고 있다면 경쟁사를 배척할 수 있는 독점적 지위를 활용하여 보다 용이하게 사업을 추진할 수 있는 장점이 있을 뿐만 아니라, 이러한 기술을 담보로 초기 창업 자본을 조달할 수도 있습니다. 국내에서는 이렇게 기술창업자의 자금조달을 위해 기술의 담보력을 보증해주는 기술보증기금이 있습니다.

현재 중소벤처기업부는 기술창업을 지원하기 위한 포탈싸이트 케이스타트업 www.k-startup.go.kr을 운영 중에 있으며, 범부처 차원에서 기술창업에 대한 지원공고를 통합하여 공고하고 있습니다. 일반적으로 기술창업의 형태로 창업을 하고자 하는 경우에는 중소벤처기업부의 예비 창업패키지지원사업, 초기 창업패키지 지원사업을 활용하게 되는데 창업자가 아이템을 사업화 하는데 필요한 자금을 무상 지원금의 형태로 받을 수 있다는 점에서 큰 장점이 있습니다. 참고로 예비 창업패키지의 지원대상이 되려면 사업자등록을 내기 전에 사업계획서를 통하여 사업을 신청해야 한다는 점에 유의하여야 하며, 창업 3년 이내의 기업이라면 초기창업패키지 지원사업을 활용할 수 있습니다. 이러한 정부의 지원정책은 매년 예산의 편성과 집행에 따라 세부 시행내용이 변경될 수 있으므로 수시로 관련 기관의 공고 내용을 매년 정확히 확인하는 것이 중요합니다. 또한 기술창업의 형태로 정부지원금을 받고자 한다면 사전에 사업계획서를 제출하여 사업타당성 전반을 심사받고 최종 선

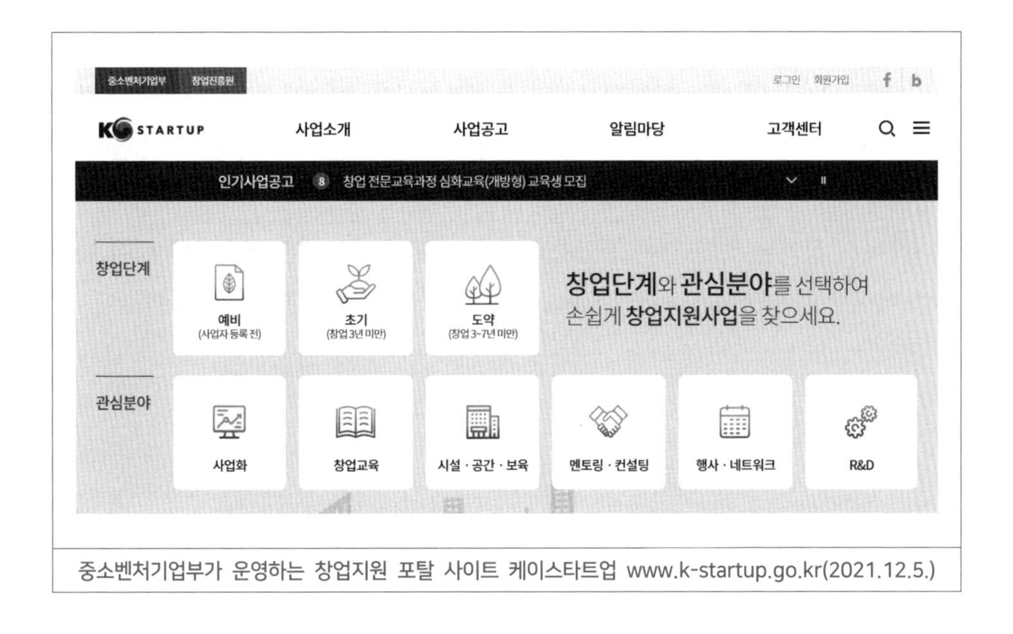

중소벤처기업부가 운영하는 창업지원 포탈 사이트 케이스타트업 www.k-startup.go.kr(2021.12.5.)

정되는 과정과 절차가 요구됩니다.

셋째, 자본이나 인적네트워크영업네트워크 또한 성공적인 창업을 위한 자원이 될 수 있습니다. 일반적으로 시장경제에서는 규모의 경제가 작동한다고 합니다. 규모의 경제란 자본금이 큰 기업이 대량생산을 함으로써 원가비용을 절감하게 되고 보다 싼 가격으로 제품과 서비스를 제공할 수 있게 됨에 따라, 소비자의 선택이 더욱 늘어나고 해당 기업은 더욱더 시장 지배력과 경쟁력을 확보해 나가게 되는 것을 의미합니다. 동네의 소규모 반려용품점이 있었으나, 큰 주차장을 확보하고 다양한 품목을 취급하는 대규모 매장이 입점하게 되면 소형 점포들이 소비자의 선택에서 점점 멀어지게 되는 것은 바로 이 같은 규모의 경제원리가 작동된 결과라고 할 수 있습니다. 물론, 이러한 규모의 경제를 활용한 창업이 이루어지려면 충분한 자본금을 가지고 있어야 함이 전제되어야 합니다. 소규모 점포를 준비중인 예비 창업자의 입장에서는 향후 자본의 힘을 활용한 대규모 점포의 등장 가능성을 미리 추정하고 검토하는 것 또한 중요합니다.

최근 들어서는 예비창업자가 확보한 인적 네트워크 또한 중요한 창업의 성공요소로 등장하고 있습니다. 4차산업 혁명기술로 SNS 등을 통하여 보다 다양한 수단으로 관심 그룹들의 네트워크 확보가 가능해졌습니다. 반려동물보호자와의 교류와 커뮤니케이션, 관계망 자체가 창업을 준비하기 위한 수단으로 활용될 수 있음을 의미합니다.

이상에서 살펴본 바와 같이 창업자가 보유하고 있는 역량은 성공 가능성이 높은 창업 아이템을 발굴하기 위한 효과적인 도구로 활용될 수 있을 것입니다.

# V



# 창업의 사업영역 설정과 틈새의 효용가치 발굴

*Companion Animals*

# 창업의 사업영역 설정과 틈새의 효용가치 발굴

# V

## 5.1 초기 창업자의 제약요건

창업 이후 기업이 높은 매출을 달성하기 위해서는 제품이나 서비스의 기능과 성능이 우수할수록 좋고 또 이왕이면 다양한 홍보 채널을 통하여 넓게 고객에게 창업 아이템을 알리는 것이 유리하리라는 것은 누구나 상식적으로 생각할 수 있는 일입니다. 그런데, 이러한 모든 것을 이행하기 위해서는 충분한 자본금이 필요할 뿐만 아니라 소비자의 인식을 위하여 어느 정도 상당한 기간도 필요하게 됩니다. 하지만 현실적으로 예비 창업자가 소비자의 만족도에 부합하는 저렴한 가격의 제품이나 서비스를 고도화 시키는 일과 다양한 홍보채널을 확보하는 하는 것이 결코 쉽지 않은 것입니다. 따라서 예비 창업자가 창업을 기획하기 위해서는 창업자가 세 가지 제약조건을 가지고 있다는 점을 전제로 사업의 추진 방향을 결정해야 합니다. 즉 이러한 세 가지 제약조건을 단기간에 어떻게 극복해 나갈 수 있느냐가 성공의 관건이라고 할 수 있는 것입니다. 그렇다면 창업의 세 가지 제약조건이란 무엇일까요?

첫째, 초기 창업자는 초기 자본금 즉 집행할 수 있는 돈의 한계를 가지고 있다는 점을 고려해야 합니다. 자본주의 시장에서는 규모의 경제가 실현되고 있습니다. 즉 넓은 주차장을 가진 대형매장을 운영하는 경우와 같이 취급하는 상품의 수량이 많을수록, 서비스를 제공하는 사람과 종류가 많을수록 제품의 원가를 보다 낮출 수 있고 보다 다양한 서비스를 제공할 수 있게 되므로 상대적으로 더 많은 고객을 유치할 수 있게 됩니다. 즉 규모가 대형화 될수록 초기 투자비용도 많이 들게 되지만 그만큼 이익의 규모도 크게 가질 수 있게 되므로 시장의 지배력을 강화할 수 있는 것입니다. 예컨대 동네의 구멍가게와 대형마트를 비교해 보면, 대형마트까지 방문해야 하는 수고스러움에 비해 대형마트가 제공하는 다양한 제품의 종류와 친절한 서비스뿐만 아니라 제품의 종류도 다양하면서도 가격도 구멍가게 보다는 훨씬 저렴하고 친절한 서비스를 제공 받을 수 있을 뿐만 아니라, 대형마트의 쇼핑 고객이라는 심리적 만족도를 줄 수 있고, 적립된 포인트를 활용하여 재구매 시 다양한 추가 서비스를 받을 수도 있습니다. 따라서 소비자는 급하게 필요한 생필품은 동네 구멍가게를 이용하더라도 다소 큰 금액의 계획된 소비는 대형 마트를 이용하는 것이 유리하다고 판단하게 됩니다. 이 같은 규모의 경제를 기업의 경영전략으로 활용한 대표적 사례로 세계적인 온라인 쇼핑몰 플랫폼인 아마존의 '플라이 휠' 전략도 참고해 볼 수 있습니다. 초기 아마존에 입점하려는 기업들이 시중의 판매가격보다 낮은 가격을 제안할 수 있는 업체들을 중심으로 입점시키고, 고객들이 오프라인에서 보다 훨씬 저렴한 가격으로 제품을 구입하고 배송받을 수 있는 경험이 누적될수록 더욱 더 많은 수의 고객이 확보되게 되며, 이렇게 해서 아마존이 구매회원 고객수가 많아질수록 그러한 다수의 고객들에게 대량의 판매를 노린 기업들은 더욱 경쟁적으로 더 낮은 가격으로 물품을 제공하게 됨으로써 아마존 이라는 온라인 플랫폼은 더욱 더 대형화 되게 성장할 수 있는 선순환 구조를 가지게 된다는 것입니다.

그런데 초기 창업자가 제한된 자본금을 가지고 이러한 규모의 경제를 앞세운 대형화된 업체와 경쟁한다는 것은 어려운 일입니다. 때문에 적은 투자금으로 시장에 진입해야 하는 초기 창업자가 별도의 특별히 기획된 시장진입 전략을 생각해야 할 이유입니다.

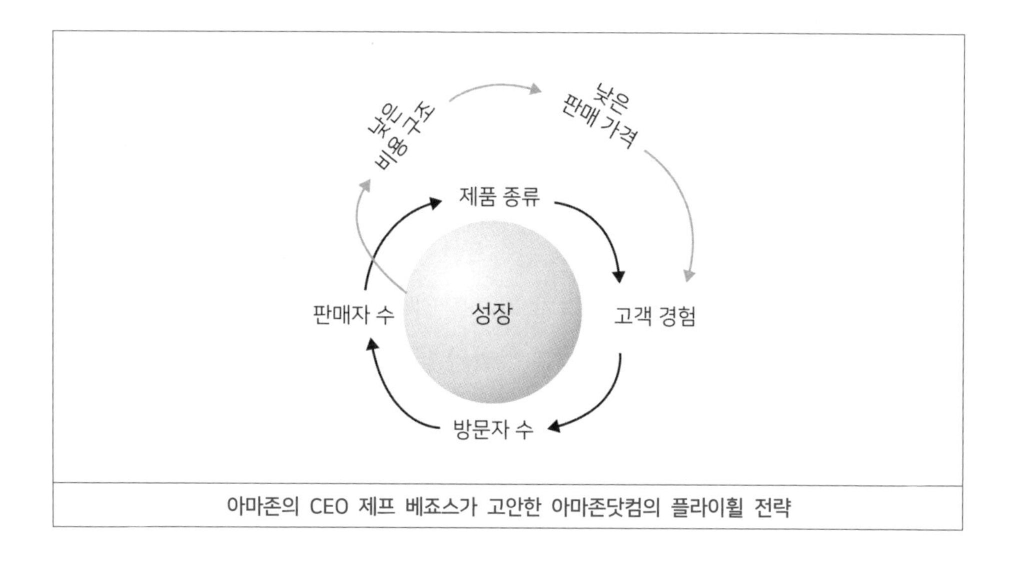


아마존의 CEO 제프 베조스가 고안한 아마존닷컴의 플라이휠 전략

뿐만 아니라, 초기 창업자의 제한된 자본금의 집행을 위해서는 보다 엄격한 검증의 과정이 필요합니다. 예컨대, 창업자 멍멍군은 현재 초기 자본금 5천만 원을 가지고 창업을 시작하려 합니다. 멍멍군은 인근 동네에 새로 개업할 매장을 알리기 위해서 다양한 방법을 생각하던 중, 인근 광고기획사로부터 아파트 우편함의 리플렛 광고가 아주 효과가 좋다고 권유받았습니다. 이에 멍멍군은 그 광고기획사를 믿고 디자인비용과 사진 촬영, 리플렛 제작비용, 배포비용을 포함하여 2천만 원에 리플렛 광고를 실시하였습니다. 그런데 막상 점포를 오픈하고 보니 리플렛을 보고 문의가 온 고객은 전체 배포된 리플렛 배포 수량의 5%도 되지 않는다는 것을 확인하고 무척 실망하였습니다. 그런데 얼마 지나지 않아 블로그 마케팅을 실시해 주겠다는 다른 광고사의 제의를 받게 되었습니다. 약 1천만 원의 예산으로 무려 12개월 동안 매월 4차례의 블러그 마케팅을 해주고, 블러그의 방문자 수, 댓글 및 공유 횟수에 따라 합리적으로 비용을 결산하여 지불 한다는 제안이었습니다. 하지만 이미 총 자

본금의 40%인 2천만원을 집행한 멍멍군은 나머지 창업 비용을 고려할 때, 더 이상의 홍보비 집행을 위한 예산이 없다는 것을 깨닫게 되었습니다.

이처럼 초기 창업자는 제한된 창업자본금으로 사업을 추진해 나가야 하므로 한 번 집행하는 비목자금을 사용하는 항목 하나하나가 또 다른 기회비용을 가질 수 있느냐를 결정하게 되고 창업의 성패를 좌지우지 할 수 있는 영향을 미치게 됩니다. 창업자가 가지고 있는 자본의 제약을 전제한다면, 창업자는 초기 준비된 자금집행 하기 전에 그러한 자금 집행이 객관적이고 합리적인 집행인지를 매우 신중하게 판단해야 하므로, 반드시 검증의 과정을 거쳐 자금을 집행해야 합니다. 본인의 주관적인 판단만을 믿고 자금집행을 한다는 것은 창업의 리스크를 높이게 된다는 점을 명심해야 합니다.

둘째, 시간의 제약 즉 창업의 준비 기간이 무한정 주어지는 것이 아니라 특정한 기간내 개업까지를 완료해야 한다는 점을 전제해야 합니다. 특히 창업을 전업으로 준비하는 경우에는 창업 준비 기간이 길어질수록 별도의 수입이 없이 버텨야 하는 기간이 지속되므로 창업에 소요되는 비용뿐만 아니라 부가적인 생계유지 비용의 지출이 증가될 수밖에 없습니다. 때문에 창업을 준비하는 단계에서는 반드시 최초 제품이나 서비스가 소비자에게 전달되고 수입금이 회수될 때까지의 소요되는 일정을 확인하고 체계적으로 준비해야 합니다.

예비 창업자가 준비하는 창업 아이템이 특정 제품이나 서비스를 개발할 경우에는 창업 자금을 마련하는 기간을 제외하고도 아이템의 개발 기간, 시제품 및 서비스에 대한 고객조사와 검증기간, 판매를 위한 인허가 획득 기간, 유통채널의 확보 기간, 홍보 및 판매 기간, 판매대금의 회수 등 기간을 모두 고려해야 합니다. 만약 점포형 창업을 준비중이라면 창업 아이템의 확정, 공급처 확보, 입지상권의 분석, 점포 계약, 인테리어 공사, 점포 홍보, 직원채용, 인허가 획득, 초도 물량의 입고, 가오픈 등이 모두 고려되어야 합니다.

창업을 본격적으로 준비하기 시작하여 어느 정도 기간이 적당한가에 대해서는 특별히 정해진 기간이 있지는 않습니다. 왜냐하면 창업 아이템과 창업자의 특성을 고려하여야 되기 때문입니다. 일반적으로 예비 창업자가 창업을 추진하기 결심한 날로부터 최대 10개월 이내에 목표 고객에게 본격적인 판매가 개시될 수 있도록 준비하는 것이 합리적이라고 볼 수 있습니다. 중소벤처기업부가 추진하는 창업지원 프로그램의 경우에도 협약기간을 제외하면 대략 10개월 이내 시장진입과 같은 창업 성과를 나타낼 수 있도록 설계해야 하는 경우가 많은 것도 그 같은 맥락입니다.

셋째, 창업자는 인적자원의 한계와 기술의 한계에서 출발해야 한다는 것을 전제해야 합니다. 창업의 첫 출발과 준비과정은 오롯이 창업자의 몫입니다. 물론 팀을 구성하여 창업을 하거나 공동대표로 동업을 추진하는 경우도 있지만, 창업 아이템에 대한 구상과 확정, 특히 초기 자본 조달 플랜에 대한 설계는 창업자 본인이 직접 추진해야하는 과정이라고 볼 수 있습니다. 창업 이후 직원을 채용한다 하더라도 일반적으로 매출이 발생하여 안정적인 사업단계에 이른 경쟁업체에 비해서 창업 초기 기업은 숙련도와 팀워크 차원에서도 인적자원의 역량이 부족할 수밖에 없다는 점을 전제해야 합니다. 기술창업의 경우에도 마찬가지입니다. 창업자가 확보한 핵심기술도 최종 거래되는 완제품이나 서비스의 일부분에 적용되는 소수의 제한적 요소기술에 불과할 가능성이 큽니다. 각각의 요소기술은 제품이나 서비스에 탑재되어 하나의 기능과 성능을 향상시키는 단위기술로 완성되게 되기 때문입니다. 뿐만 아니라 창업자가 확보한 기술의 권리성 또한 산업재산권의 등록을 완료하고 경쟁자의 시장진입을 막기 위한 포트폴리오를 완전하게 구축한 수준의 상태가 아니라고 볼 수 있기 때문에, 이미 시장에 진출한 경쟁 기업에 비해 창업 아이템에 적용된 기술사업성의 완성도가 높다고 말할 수 없습니다. 창업자는 이처럼 초기 창업기업의 인적 자원의 역량의 한계와 기술의 한계가 존재하고 있다는 것을 솔직하게 인정하고 전제함으로써 이러한 점들을 보완하기 위한 수단과 방법을 강구하게 되고, 그러한 것이 초기 창업기업의 리스크를 줄일 수 있는 전략으로 준비되어야 합니다.

## 5.2 사업영역 정의하기

그럼 초기 창업기업의 세 가지 제한요건을 전제하면서 사업화를 추진하려면 우선 무엇을 하여야 할까요? 예를 들어 설명해 보겠습니다.

예비창업자 멍멍군은 창업의 목적이 반려동물 대한 미용, 용품, 의료 등 모든 서비스를 다 제공하는 솔루션 제공 업체로 만들고 싶습니다. 그래서 창업기업의 사업영역을 펫토탈 솔루션이라고 정의 했다고 가정해 보겠습니다. 이러한 사업영역이 적정한지에 대해서는 위에서 언급한 창업기업의 세 가지 전제요건 즉 초기 자본금과 인력/기술, 그리고 준비기간이 부족하거나 제한되어 있다는 전제를 바탕으로 생각해보면 이런식의 사업영역의 설정은 많은 문제점을 가지고 있음을 쉽게 간파할 수 있습니다.

사업의 대상을 반려동물반려견, 반려묘, 파충류, 조류 등의 모두를 대상으로 할 것인가? 미용뿐만 아니라, 사료, 용품, 게다가 수의 분야까지를 모두 다 취급한다는 말인가? 토탈 솔루션을 충족시키기 위한 범위와 품목은 어떻게 결정할 것인가?

창업의 본격적인 검토를 위한 첫 번째는 내가 영위하고자 하는 창업의 사업영역을 정의하는 일입니다. 물론 궁극적으로는 보다 크고 사업영역이 확장된 사업을 기획할 수 있지만, 이러한 이른 단계별로 추진될 수 있을 것이고, 이제 막 창업을 시작하는 단계에서는 비용과 시간, 그리고 자원을 절감하기 위해서 초기 사업화 아이템의 사업의 영역을 보다 좁은 범위로 명료하게 설정하는 것이 리스크를 줄이는 유리한 방법이 될 것입니다.

멍멍군은 경기도 용인시 처인구에 반려동물 미용샵을 창업하려 합니다. 멍멍군은 반려동물에 대해 평소 많은 관심을 가지고 있었고 때문에 반려견 행동교정사 자격증도 취득한 바 있으며 다양한 품종에 대한 관리요령을 수집하고 정리한 자료를 가지고 있습니다. 이러한 멍멍군이 창업을 구상하는 단계에서 사업영역을 정의하는 방법을 예시하여 설명해 보겠습니다. 여기서는 백종일 박사가 고안한 T.V.P 정의 방법을 활용해 보도록 하겠습니다.

### (1단계) T: 창업에 활용된 Tool(수단), Technology(기술) 등을 정의하기

예비 창업자가 창업을 하기 위해 다른 사람이 가지지 못한 Insight를 통하여 활용할 주된 수단이나 방법Tool, 기술Tech 등을 생각해 봅니다.

이러한 것들은 도구나, 장치 또는 유형의 기술이 활용될 수도 있으며, 때때로 인적네트워크나 경험과 같은 무형의 것들도 활용될 수 있는 자산이라고 생각해 볼 수 있습니다. 보다 확장된 개념으로는 창업자가 보유한 자원뿐만 아니라 창업자가 직접 보유하고 있지는 못하지만, 창업의 과정을 통해 확보할 자산도 생각해 볼 수 있습니다. 다음의 예시 표를 활용해 봅니다.

| 연번 | 활용되는 수단과 방법, 기술 | 활용 유형 | 비고 |
|---|---|---|---|
| 1 | 동물행동 교정사 자격증 | 마케팅에 활용 | 직접 보유 |
| 2 | 반려견 품종별 관리 정보 | 고객관리에 적용 | 콘텐츠 |
| 3 | | | |
| 4 | | | |

위와 같은 표를 다양한 경우를 고려해보고 창업초기에 가장 핵심이 되는 창업의 수단을 다음과 같이 문장으로 정의해 봅니다.

(예시) 나는 ( 동물행동 교정사 자격증과 반려견 품종정보 )을/를 창업에 활용(적용)한다.

(연습) 나는 ( )을/를 창업에 활용(적용)한다.

### (2단계) V: 소비자가 얻게 되는 가치(Value)를 정의하기

다음 단계에서는 창업자가 제공하는 수단을 통해서 고객이 얻게 되는 가치를 정의하는 단계입니다. 소비자가 제품이나 서비스를 구매하는 이유는 다양합니다. 창업을 하기 위해서는 이러한 소비자의 구매 이유를 보다 명확히 파악하는 것이 매우 중요합니다. 소비자는 제품이나 서비스 구매 자체를 목적으로 하기 보다는 그러한 구매를 통하여 얻게 되는 가치에 돈을 지불하게 되기 때문입니다. 흔히 소비자가 제품이나 서비스를 구매하는 이유는 구매비용보다 얻게 되는 이익이 크다는 경제적 가치, 특별한 서비스를 나만이 제공받는다는 상징적 가치, 한번도 이용해 보지 못한 경험을 갖게 된다는 경험적 가치 등을 주요 구매의 사유로 두고 있는 경우가 많습니다. 창업자는 제품이나 서비스가 가져다주는 구매 이후의 소비자가 얻게 되는 효용가치소비자의 주관적 상대적 만족도를 생각해보고 이것을 창업에 활용하게 됩니다. 이러한 점을 고려하여 창업자가 제공하는 제품이나 서비스를 통해 소비자가 얻게 되는 가치를 누구를 위한 어떠한 가치를 제공하는 지를 정의해 봅니다.

| | | | | |
|---|---|---|---|---|
| (예시) | 가치 | 대상 | ( 용인시 처인구에 거주하는 반려견 보호자 ) | 에게 |
| | | 가치 | ( 문제견의 맞춤형 미용 관리와 품종별 관리 정보 )을/를 | 제공한다. |
| (연습) | 가치 | 대상 | ( ) | 에게 |
| | | 가치 | ( )을/를 | 제공한다. |

그런데, 창업자가 제공하고자 하는 가치는 창업자의 주관적 판단에 의해 공급자적 입장에서 결정되는 것이 아니라 소비자 즉 고객이 느끼는 지불 가치이어야 합니다. 때문에 보다 면밀한 분석과 판단이 필요합니다. 다음 장에서는 이러한 점에 대해 가치제안설계VPD: Value Proposition Design의 방법을 통해 보다 자세히 설명하기 하고, 현재의 단계에서는 일단 창업자의 생각을 고객중심 기반으로 작성해 보도록 합니다.

### (3단계) P: 최종 소비자에게 전달되는 수익원의 형태를 정의하기

이 단계에서는 최종적으로 소비자에게 제공되는 제품이나 서비스의 구체적인 형태를 정의해 봅니다. 수익원은 제품이나 상품과 같은 Products 형태일수도 있고, 솔루션을 제공하는 Program일 수도 있으며, 무엇인가를 중개하는 Platform 형태일 수도 있습니다. 이러한 수익원은 한 가지를 생각하기보다는 다양한 형태를 구상해보는 것이 중요합니다. 예컨대 반려견 미용실에서 단순히 반려견 미용에 대한 서비스료만을 수익원으로 하지 않고 반려견 사료나 용품의 판매와 같은 수익도 함께 병행할 수 있을 것입니다. 수익원의 품목이 다양할수록 제품판매에 대한 리스크가 분산되는 장점이 있을 뿐만 아니라, 창업 이후 주 수익원을 무엇으로 할 것인지를 분석 가능하게 합니다. 작성을 할 때는 수익원의 유형을 명확히 구분하는 것이 중요합니다. 제품이란 창업자가 원재료를 가지고 직접 제조 생산하여 판매하는 품목을 말하며, 상품이란 다른 유통업자로부터 도매로 구입하여 이익을 보태 소매가격으로 판매하는 것을 말합니다. 서비스란 창업자가 시간과 노하우를 투입한 무형의 결과에 대해 대가를 지불받는 것을 의미합니다.

(예시)

| 연번 | 수익 품목 | 비율 | 비고 |
|---|---|---|---|
| 1 | 애견 미용 서비스료 | 50% | 서비스 제공 |
| 2 | 애견 사료 판매 | 20% | 상품 판매 |
| 3 | 애견 용품 상품 판매 | 10% | 상품 판매 |
| 4 | 애견 품종별 관리 서비스 구독료 | 10% | 서비스 제공 |
| 5 | 맞춤형 수제 간식 | 10% | 제품 판매 |
| | | | |
| | | | |
| | | | |

(연습)

| 연번 | 수익 품목 | 비율 | 비고 |
|---|---|---|---|
| 1 | | | |
| 2 | | | |
| 3 | | | |
| 4 | | | |
| 5 | | | |
| | | | |
| | | | |
| | | | |

이상의 과정이 끝났다면 이제 각 단계를 종합하여 창업자의 초기 사업영역을 한 마디로 정의해 봅니다. 위의 사례에서 멍멍군의 사업영역은 다음과 같이 정의 되었습니다.

**멍멍군의 창업 사업영역 정의**
반려견 관련 자격증과 품종에 관한 전문 지식(T)을 활용하여 용인시 처인구 반려견주에게 문제견 맞춤형(V) 전문 관리서비스 및 관련 용품(P)을 판매하는 사업

굳이 이렇게 사업영역을 정의해야 하는 필요성이 있느냐고 생각하실 수도 있지만, 이러한 정의는 초기 창업자가 사업화 과정을 진행할 경우에 무엇에 집중해야하는 가 즉 선택과 집중에 대한 명확한 방향성을 설정해 주는데, 매우 유용합니다.

위에서 멍멍군의 사업영역의 정의를 보면 세 가지 사업화 추진의 방향성이 설정됩니다. 우선 T를 통하여 멍멍군이 준비해 할 개발영역이 도출됩니다. 멍멍군은 반려견 관련 자격증을 보태거나 추가해야 하고, 또는 창업시 본인이 보유한 자격증을

어떻게 마케팅에 활용할 것인가를 고민할 수 있을 것입니다. 뿐만 아니라 전문지식으로 활용해야 할 콘텐츠를 각 품종별로 항목별로 준비해야 함을 알 수 있습니다.

V 항목으로 정의된 부분은 멍멍군이 시장진입을 위해서 준비해야 할 부분을 제시해 줍니다. 멍멍군은 경기도 용인시 처인구의 고객을 1차 대상으로 하므로 해당 지역의 반려견주에 대한 다양한 정보 수집이 필요합니다. 뿐만 아니라 문제견에 대한 정보와 솔루션을 제공하기 위해서는 해당 지역내 반려견의 품종에 대한 정보도 필요하고 행동 문제견으로 인한 문제가 무엇인지 지역내 고객 후기에 대한 조사도 필요할 것입니다. 즉 고객과 시장시장 규모와 경쟁현황에 대한 범위를 제시해 줍니다. 마지막으로 P 항목은 멍멍군이 최종적으로 준비해야할 품목들이 무엇이며 어느 정도 초기 비용이 투입되어야 하는지를 추정하게 해줍니다. 멍멍군은 위의 사례에서 맞춤형 관리를 위해서는 별도의 관리 프로그램이 필요하여 앱 등의 개발이 필요할 것이라는 것을 알 수 있고 용품을 취급하기 위해서는 유통해야 할 품목의 가지수와 종류를 리스트화하여 결정해야 한다는 것을 알 수 있습니다.

이러한 사업영역의 정의 과정은 창업을 준비하는 동안 실질적인 초기 자본금의 규모와 준비 시기, 창업자 역량, 실현 가능성 등의 점검을 통해 수시로 변경되고 수정될 수 있을 것입니다. 여러분의 창업 사업영역을 위와 같은 과정을 통해 직접 정의해 보시기 바랍니다.

창업 사업영역 정의

## 5.3 틈새의 효용 가치 발굴

위에서 언급한 것과 같이 시장에는 경쟁자가 존재할 뿐만 아니라 대체재도 존재하고 향후 시장이 커질 경우 규모의 경제를 앞세운 잠재적 경쟁자도 시장진입을 호시탐탐 노리고 있습니다. 따라서 창업을 하기 위해서는 창업자가 생각한 목표 시장내에 존재하는 소비자로부터 경쟁우위를 가지고 선택을 받기 위한 특정한 무엇인가가 필요하게 됩니다. 시장에서 경쟁우위를 가지기 위해서 만들어 내는 그 무엇을 우리는 차별화 전략 또는 경쟁우위 전략이라고 말합니다. 이러한 차별화 포인트가 명확할수록 창업을 한 이후, 처음 시장에 진입하여 인지도가 낮은 상태임에도 불구하고 소비자의 인지도와 구매가능성을 높일 수 있습니다. 때문에 차별화 포인트는 창업 아이템에서 가장 중요한 요소라고 말할 수 있습니다.

차별화를 하는 방법으로 기본적으로 두 가지 방향성을 중심으로 생각해 볼 수 있습니다. 우선 고객을 차별화 하는 방안입니다. 고객을 차별화 한다는 것은 창업자의 제품과 서비스에 가치를 두고 있는 타겟 고객을 명확히 정의하고 범위를 좁혀서 정의하고 그 대상자를 목표 고객으로 집중적으로 홍보하고 제품과 서비스를 알려가는 방식입니다. 이러한 차별화 방식의 장점은 창업 아이템에 대한 마케팅비용을 절감할 수 있을 뿐만 아니라, 빠른 시장진입이 가능하고 재구매율을 높일 수 있는 장점이 있습니다. 하지만, 만약 목표고객이 지나치게 특수한 고객군으로 정의되어 그 대상자의 수가 너무 작거나, 목표 고객을 잘못 설정하게 되면 곧바로 초기 창업 아이템의 판매부진으로 이어져 리스크로 이어지게 되는 약점을 가지고 있습니다.

멍멍군의 예를 들어 설명해 보겠습니다. 만약 멍멍군이 고객을 차별화하기 위해 멍멍군이 개업하기로 한 지역내 특정 품종, 여기서는 푸들이라는 품종의 견주를 목표 고객으로 설정하였다고 가정해 보겠습니다. 멍멍군은 푸들 품종 전문 애견샵을 표방하고 푸들이라는 반려견을 대상으로 한 다양한 용품과, 사료, 미용을 전문으로 하는 서비스 점을 표방했기 때문에 지역내 푸들을 기르고 있는 견주들에게는 창업 초기부터 상당한 인지도와 선호도를 가질 수 있는 반면, 푸들 외 다른 품종을 기르고 있는 견주들로부터는 멍멍군 점포는 푸들 전문샵이니, 자신이 기르고 있는 품종의 용품이나 서비스의 제공은 다소 부족할 것 같다는 부정적 메시지도 동시에 주게 되는 위험성도 가지고 있는 것입니다. 뿐만 아니라 정확한 시장조사가 이루어지지 않고 푸들전문샵을 오픈한 이후에, 지역에 푸들 품종을 기르고 있는 견주들이 상대적으로 작다는 것을 깨닫게 될 경우, 목표 고객의 대상자 수가 연간 사업을 운영하기에 턱없이 부족할 수 있다는 리스크가 발생할 수 있습니다.

차별화 방안의 두 번째는 상품/제품이나 서비스를 차별화 하는 방안을 생각해 볼 수 있습니다. 이러한 제품이나 서비스를 차별화하기 위해서는 먼저 경쟁점포가 제공하고 있는 제품과 서비스가 무엇인지를 파악하는 것으로부터 시작해야 합니다. 즉 목표 시장의 범위내에서 직접 경쟁할 수 있는 또는 간접적으로 경쟁할 수 있는 다른 경쟁자가 어떠한 제품과 서비스를 제공하고 있는 지를 분석한 이후 창업자의 제품과 서비스가 제공할 경쟁우위 요소를 확정 짓는 방식입니다. 제품이나 서비스의 차별화를 효과적으로 구성하기 위한 방법은 표table를 만들어 활용해 보는 것입니다.

주의해야 할 점은 목표 시장내에서 경쟁우위를 가지기 위하여 차별화 포인트를 많이 만들수록 좋겠지만, 그만큼 비용이 증가한다는 것과 사업초기의 리스크 가능성도 증가한다는 점을 잊지 말아야 합니다. 이 같은 비교표를 통하여 창업자가 가진 세 가지 제한 요건을 고려할 때 현실적으로 어떠한 점을 차별화 할 수 있을 지, 창업자가 생각한 차별화를 고객도 차별화 요소로 인지할 수 있을지를 가급적 객관적으로 분석해 보아야 합니다. 아무리 창업자가 차별화 요소라고 생각하더라도 고객이 해당 요소를 차별화 가치로 느끼지 않는다면 무의미할 뿐만 아니라, 자칫 차

별화를 위해 설정한 다양한 준비와 투자들이 창업초기의 자금집행에 따른 기회비용소진으로 이어질 수도 있다는 점을 고려해야 합니다.

다음 표는 멍멍군이 창업을 구체화하기 위하여 목표시장내 경쟁상황을 조사한 이후 차별화 요소를 고려하기 위하여 만든 약식 표입니다.

실제 창업을 준비하는 단계에서는 경쟁점포의 다양한 제품과 서비스에 대해 훨씬 더 다양한 항목들을 조사하고 훨씬 세부적으로 작성되어야 합니다.

| 속성 | | 멍멍군 점포 | 직접경쟁<br>왈왈군 점포 A | 대형 E마트<br>매장내 B 코너 |
|---|---|---|---|---|
| 유형 | | 자사 | 직접 경쟁사 | 대체 경쟁사 |
| 기능<br>수준 | 반려견 미용 | 미용, 관리 | 미용, 관리 | 미제공 |
| | 반려견 용품/사료 | 사료 6종, 용품<br>15종 | 사료 6종, 용품<br>15종 | 20여종/대용량 |
| 성능<br>수준 | 미용 서비스 능력(최대) | 1일 4마리 | 1일 12마리 | 미제공 |
| | 맞춤형 수제 사료/간식 | 수제사료<br>맞춤형 간식 | 미제공 | 미제공 |
| 부가<br>서비스 | 문제행동견 미용서비스 | 전문서비스<br>행동교육서비스 | 부분제공 | 미제공 |
| | 품종별 정보제공(구독)<br>전용 회원 관리 앱 | 품종별 관리<br>구독 서비스 | 수기<br>회원관리 서비스 | 미제공 |
| 가격(단가)<br>- 1Kg B사 표준 사료 기준 | | 30,000원 | 30,000원 | 21,000원 |

위 표를 요약해 보면 멍멍군은 반려견에 대한 미용서비스 능력면에서는 경쟁점포에 비해 다소 경쟁열위이며 대형 마트의 반려견 코너보다는 용품과 사료의 가격경쟁력도 부족하다는 점이 약점입니다. 반면 맞춤형 수제사료와 간식을 제공해주고, 문제견 전문 미용서비스를 제공하며, 품종별 정보를 앱을 통하여 관리 한다는 점이 경쟁우위 요소로 명확해졌습니다. 따라서 창업초기 멍멍군이 준비과정에서 고려해야 할 요소는 앱의 개발, 수제간식 제공솔루션, 문제 행동견 미용에 대한 홍

보 등이라고 볼 수 있습니다. 한편 위와 같은 창업 아이템의 차별화 표를 작성할 때에는 반드시 포함되어야 할 필수 작성 항목은 가격에 대한 정보입니다. 소비자의 최종적인 구매행위에 가장 큰 영향을 미치는 요소는 바로 가격이며, 창업자 입장에서도 최종적으로 수익의 증감에 결정적 영향을 미치는 요소 또한 가격이기 때문입니다. 때문에 상품이나 서비스에 대한 상대적 기준이 되는 가격을 비교해야 하며, 단위가격 즉 동일한 제품이나 서비스에 대한 개당 단가의 형태로 비교를 해야 합니다. 또한 고객에게 제공하고자 하는 가격의 적절성 정도 또한 고려되어야 합니다. 일반적으로 가격결정의 요인으로는 투입된 원가를 계산하고 적정한 이윤을 보태는 방식의 원가중심 가격결정 방법, 경쟁시장내 경쟁자가 제공하고 있는 가격과 일반적으로 소비자가 인식하고 있는 보편적 가격을 고려하는 시장중심 가격 결정방법, 특정 목표고객의 가격에 대한 수용성 정도를 고려한 고객중심 가격결정 방법 등을 활용할 수 있습니다. 창업 아이템을 차별화 요소를 검토하기 위하여 다음 표를 활용해 보시기 바랍니다.

| 속성 | | | 경쟁점포(A) | 경쟁점포(B) |
|---|---|---|---|---|
| 유형 | | 자사 | 직접 경쟁사 | 대체 경쟁사 |
| 기능<br>수준 | | | | |
| | | | | |
| 성능<br>수준 | | | | |
| | | | | |
| 부가<br>서비스 | | | | |
| | | | | |
| 가격(단가)<br>- 1Kg B사 표준 사료 기준 | | | | |

창업을 하기 위해 지금까지 생각해본 차별화 방안을 종합하면 창업자는 누구를 대상으로 할 것인지, 어떠한 상품, 제품 및 서비스를 어떻게 그리고 얼마에 제공할

것인지를 중요한 차별화 전략으로 활용할 수 있게 됩니다.

이처럼 창업자가 제한된 자원인적자원, 물적자원, 기술적 자원의 한계를 전제로 소비자가 느끼는 만족도와 가치를 극대화시키기 위하여 최적의 차별화 전략을 기획하는 과정을 틈새의 효용가치를 발견하는 일련의 과정이라고 말할 수 있습니다. 창업자가 목표로 정의한 사업영역과 시장내에서 경쟁자가 존재하는 상황에서 제한된 자원으로 소비자가 느끼는 모든 욕구를 충족시킬 수는 없기 때문에, 고객이 창업자의 사업아이템에 소구appeal될 수 있는 핵심 효용가치를 찾아내는 것과 어느 대상이 이러한 효용가치를 가장 크게 느낄 것인가를 찾아내는 과정은 창업의 효율적 추진과 빠른 시장진입을 위한 핵심전략이라고 볼 수 있는 것입니다.

## 5.4 틈새의 효용가치를 활용한 창업사례

틈새의 효용가치를 한마디로 요약하자면, 시장에서 돈을 지불할 소비자 즉 수요집단이 분명히 존재하지만, 그 시장 규모나 성장 추이 등을 볼 때, 규모의 경제를 가진 경쟁자가 진입하기에는 현재까지는 그렇게 매력적이라고 느끼지 않는 틈새시장이라고 말할 수 있습니다. 이러한 틈새의 효용가치를 이용한 창업사례로 고양이 미용실의 사례를 들 수 있습니다.

여러분은 고양이 미용실의 존재에 대해 알고 계신지요? 일반적으로 우리나라에서 키우는 고양이는 털이 짧은 단모종이 대부분이었으나 고양이 양육 인구가 급격히 늘어나면서 장모종 고양이를 키우는 반려인이 늘어나면서 고양이 미용의 수요가 하나의 산업군을 이룰 수 있을 만큼 그 숫자가 늘어났습니다. 사실 장모종도 빗질을 주기적으로 자주 한다면 미용의 필요성은 그다지 높은 편이 아닙니다. 또한 고양이는 예민하기 때문에 미용 시 스트레스를 많이 받고 털은 1차적인 피부 보호기관의 역할을 하기 때문에 피부보호와 체온조절의 역할을 하는 고양이 털 미용은 이론적으로는 불필요합니다. 하지만 이러한 이유에도 불구하고 바쁜 현대인의 일상으로 인해 털엉킴이 너무 심해져 도저히 스스로 해결할 수 없는 상황에 직면하거나 피부병 등의 이유 등 수의학적 소견이 필요한 경우, 반려묘의 보호자 중 털 알러지가 심한 사람이 있어 반려묘와 서로 공존을 위해 어쩔 수 없는 경우, 개체 특성상 여름 더위에 지나치게 취약한 경우, 고양이 몸속의 헤어볼의 양이 걱정이 될정도로 지나치게 많은 경우, 발바닥 아래로 길게 자란 털 때문에 미끄러지거나 용변을 본 뒤 항문주위 길어진 털이 더러워지는 경우 등 고양이도 미용을 해야 하는 경우가 있습니다. 앞서 언급 했지만 고양이는 예민하고 스트레스에 엄청나게 취약한 동물이며 피부가 매우 예민하고 신축성이 좋아 비전문가가 클리퍼를 사용한 셀프 미용을 하는 것은 반려묘와 미용을 시도하는 사람 모두에게 너무나 어렵고 위험한 일입니다. 그러다 보니 과거 반려묘를 키우는 인구가 많지 않을 때는 수익성이 높지 않았던 고양이 미용실이 반려묘를 키우는 집사님들의 급격한 증가와 1인 가구의 증가 그리고 위에서 언급한 다양한 이유로 필요하게 되었고 틈새시장을 점유할 수 있게 되었습니다. 모두가 반려견 미용시장을 보고 경쟁이 가속화 되는 시장에 뛰어 들 때, 반려묘들의 많은 지역에서 반려묘에 특화된 가치를 사업화 하는 것이 오히려 사업의 수익성과 안정성 측면에서는 훌륭한 효용가치를 발견한 것이라고 볼 수 있다는 이야기입니다.

다만 실무적으로 고양이 미용실을 창업할 때는 여러 가지 주의사항이 있음을 잊지 말아야 합니다. 우선 반려견과 반려묘를 동일한 장소에서 미용한다는 건 현실적으로 거의 불가능한일이기 때문에 고양이 미용실을 할 경우 반려견 미용은 포기해야 한다고 봐야 합니다. 즉 고양이 전문 및 전용 미용실을 창업해야 한다는 것을 의미하며 반려동물 사육두수를 고려했을 때 시장의 규모가 반려견에 비해 1/3이라는 사실을 기억해야 하며 고양이와 다르게 미용이 정기적으로 필요하지 않다는 점

또한 잊지 말아야 할 점입니다. 또한 주인 외 낯선 사람을 경계하는어쩌면 주인도 경계하는-_-a;; 고양이의 특성상 미용 시 스트레스를 너무 심하게 받아 건강에 위협이 될 것으로 생각되는 경우 동물병원에서 운영하는 미용실에서 수의사가 마취를 한 후 반려묘를 미용해야 합니다. 즉 수의사가 아닌 일반 고양이 미용사가 반려묘를 미용할 경우 무마취 미용만 가능하기 때문에 마취가 필요할 정도로 아주 예민한 고양이는 일반 고양이 미용실에서 미용을 할 수 없기에 반려묘의 미용 수요가 반려견 미용만큼 많을 것이라고 생각해서는 안 된다는 점입니다.

또 하나 고양이 미용의 난이도입니다. 반려견과 다르게 반려묘는 매우 예민하기 때문에 미용 시 상당한 기술과 집중력 그리고 위험이 수반 됩니다. 미용사는 파상풍 주사 접종이 필수적이며 고양이 발톱에 의한 할큄 사고의 발생 위험도 또한 매우 높습니다. 또한 고양이 무마취 미용 도중 급격한 스트레스를 못 이겨 쇼크사를 할 수도 있다는 점은 고양이 미용실을 운영할 때 가장 주의해야 할 점입니다.

이렇듯 5장에서 전반적으로 다루었던 틈새시장의 대부분의 특징을 가진 고양이 미용실은 위에서 언급한 바와 같이 여러 가지 주의점이 있어서 창업에 주의가 필요하고 어려움이 있지만 이러한 주의사항을 숙지하고 전문성을 확보한 후 창업한다면 오히려 이러한 어려움이 진입장벽으로 작용하기 때문에 인근지역의 유사 창업으로 인한 경쟁은 거의 없는 편이며 성공적으로 고양이 미용을 실시한 경우 고양이의 이러한 예민한 습성이 오히려 장점이 되어 선불리 서비스 제공 업체를 바꾸지 않는 락인효과lock-in를 발휘하기 때문에 고양이를 정말 좋아하고 관련 전문기술을 가지고 있는 전문가에게는 틈새의 효용가치를 활용한 대표적인 창업 추천사례라 할 수 있을 것입니다.

# Ⅵ



# 가치제안의 설계 (Value Proposition Design)

6.1 가치제안이란?
6.2 가치제안 설계(VPD, Value Proposition Design)
6.3 가치제안 설계의 중요성
6.4 반려동물 창업 가치제안서 작성사례와 해설

*Companion Animals*

# 가치제안의 설계 (Value Proposition Design)

## 6.1 가치제안이란?

앞 장에서 창업자는 목표 고객들이 느끼는 효용 가치의 틈새를 발견하는 것이 중요하다는 것을 강조하였습니다. 창업자의 생각 중 흔한 오류 중의 하나가 사업이라는 것을 단순히 제품이나 서비스를 고객에게 제공하고 그 대가를 받는 즉, 제품이나 서비스 제공에 대한 화폐 교환 구조가 비즈니스라고 인식하는 것입니다.

사업을 시작하는 창업에서 가장 중요한 점은 창업을 통한 비즈니스의 출발점이 어떠한 차별적 비즈니스 가치Value를 고객에게 제안하는 것 즉 가치제안에서 시작된다는 점을 잊지 않는 것입니다. 왜 그럴까요? 비즈니스 즉 사업이라는 것이 존재할 수 있는 구조를 원론적인 측면에서 한번 생각해 보도록 하겠습니다.

사업이라는 것이 존재하려면 기업이 최소한 일정기간 동안은 폐업하지 않고 지속적으로 존재하고 있어야 함을 전제하고 있음을 말합니다. 예컨대 백화점에 시즌별로 가상의 판매대를 설치하고 제품을 판매하는 경우에는 일시적으로 직원을 고용하고 계절상품을 판매하고 수익을 얻을 수 있습니다만, 이것을 새로운 창업의 형

태로는 보지 않습니다. 이른바 고객과의 지속적인 거래 관계를 전제하지 않는 일시적인 판매 활동의 한 형태이기 때문입니다. 반면 창업이라는 것은 일시적인 판매를 통해 수익을 얻는 것이 아니라 창업한 회사가 원재료 및 상품을 구매하고 판매한 후 다시 수익금을 재투자해서 소기의 목적을 달성할 때까지는 미래에도 계속 경영 활동을 지속할 것이라는 것을 전제해야 합니다. 이것을 경영학에서는 이른 바 '계속기업'의 개념으로 보고 있으며 창업이란 바로 일정 기간 계속기업으로서 시장에서 존재함을 전제로 사업을 개시하는 것을 의미합니다. 따라서 창업에서 중요하게 고려해야 할 요소는 이러한 계속기업으로 존재할 수 있는 요건을 갖추고 있느냐가 될 것입니다. 계속기업으로 존재하려면 창업 아이템이 반복적인 재구매 혹은 지속적인 판매가 가능한 아이템이어야 할 것이고 이러한 지속적인 거래 관계의 성립 유무는 기업의 생존 부등식을 통하여 생각을 정리해 볼 수 있습니다.

흔히 말하는 경영에서 이야기 하는 기업의 생존 부등식은

$$\text{비용(Cost)} \leqq \text{가격(Price)} \leqq \text{가치(Value)}$$

가 성립해야 함을 의미합니다. 즉 기업은 판매하고자 하는 제품/서비스의 가격이 최소한 투입된 비용과 같거나 더 비싸야 시장에서 생존할 수 있으며, 고객은 기업이 제시하는 가격이 고객이 지불의 대가로 얻고자 하는 가치와 같거나 혹은 그 이상의 효용 가치를 느낄 때 비용을 지불 한다는 것입니다. 창업자의 입장에서는 창업아이템의 가격을 제시하는 일은 원가분석이나 시장분석 등을 통해 창업자가 판단하고 제시할 문제이므로 공급자 중심으로 최종 결정할 수 있지만, 문제는 고객 즉 소비자가 창업자의 아이템에 대해 느끼는 지불 가치는 창업자가 판단하기 어렵다는 정보의 비대칭성이 존재하게 됩니다.

고객이 느끼는 그렇다면 지불가치는 어떻게 발생하게 될까요?

고객이 지불가치를 느끼는 구매의사결정의 접점Tipping point의 기본적인 구조는 고객의 선택적Alternative의 가치보다는 보상Benefit의 가치가 명확할수록 구매의 확률

이 높아지게 된다는 것입니다. 예컨대 사면 좋기는 한데, 반드시 사지 않아도 되고 사면 더 좋을 것 같고 라는 인식에 기반하여 창업 아이템을 설계하기 보다는 반드시 사야 할 필요성과 이유가 명확한 것이 더 좋다는 것입니다. 그런데 고객이 느끼는 구매의 필요성은 경제적 교환가치가 성립할 때 발생합니다. 경제적 교환가치가 성립하려면 구매의 행위를 한 결과 경제적 이익이 발생하는 필요성이 있어야 함을 말합니다. 즉 무엇인가를 경제적 불이익의 상황하에 있거나 또는 경제적 불이익에 달하는 기회비용을 지불하고 있는 상태에서 고객의 구매 행위가 결과적으로 경제적 이익을 만들어 내거나 또는 기회비용을 절감시켜줄 수 있을 때, 고객은 경제적 교환가치를 느낀다는 것입니다.

이렇게 고객이 특정한 제품이나 서비스를 구매하지 않아서 직접적인 경제적 불이익의 상황 하에 있거나 간접적인 불이익의 상태에 있는 것이 무엇인지를 정확히 그리고 객관적으로 파악하는 것은 창업을 시작할 때 있어 매우 중요한 방향성을 제시해 줄 수 있습니다. 때문에 흔히 창업을 위한 비즈니스 모델을 설계할 때는 이러한 분석 도구로써 가치제안을 설계하게 됩니다.

그렇다면 지금부터는 사업의 가치제안의 설계 과정을 통하여 창업의 사업화 방향을 점검하고 명료히 할 수 있는 절차와 방법을 제시해 보겠습니다.

## 6.2 가치제안 설계(VPD, Value Proposition Design)

고객이 구매의 필요성을 느끼는 즉 경제적 교환가치의 필요성을 인식하고 있는 가치를 확인하기 위한 첫 번째의 단계는 누가 고객인가를 가정해 보는 일입니다.

### (1단계) 고객 프로필 작성

이 단계에서는 창업 아이템에 대해 적극적인 관심을 가질 것으로 예상되는 고객의 프로필을 창업자의 생각을 바탕으로 프로필 형태로 작성해 봅니다. 이러한 프로필 형태의 작성방법을 고객 페르소나Customer Persona 분석법이라고 하기도 합니다.

고객 페르소나 프로필을 작성하는 방법은 창업자의 아이템을 구매할 것으로 예상되는 고객의 집단의 특성을 대표할 수 있는 1명의 고객을 사례로써 특정해보고 성별, 연령, 직업, 라이프 스타일, 상황, 고민 등 다양한 상황을 가정하여 마치 실제 존재하는 인물처럼 대표 고객에 대한 프로필을 작성해 보는 것입니다.

다음의 사례를 보고 창업자의 아이템에 대한 대표 고객 페르소나 프로필을 작성해 봅니다.

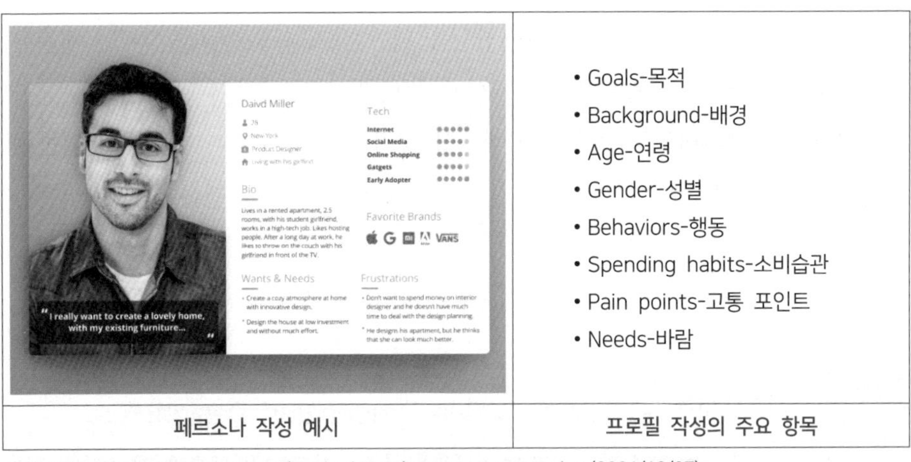


| | |
|---|---|
| | • Goals-목적<br>• Background-배경<br>• Age-연령<br>• Gender-성별<br>• Behaviors-행동<br>• Spending habits-소비습관<br>• Pain points-고통 포인트<br>• Needs-바람 |
| 페르소나 작성 예시 | 프로필 작성의 주요 항목 |

출처: https://www.invisionapp.com/inside-design/user-persona-template(2021/12/27).

위의 예시의 사례의 항목을 보다 구체적으로 보다 실무적인 상황에 맞도록 아래와 같이 적용해 볼 수 있습니다.

(멍멍군의 고객 페르소나 프로필)

| 연령 | 35세 | 성별 | 여성 |
|---|---|---|---|
| 직업 | 맞벌이, 직장인 | 사는 지역 | 용인시 처인구 |
| 무엇이 필요한가? | 반려견 사료<br>맞춤형 관리 | 현재는 어찌하고 있는가? | 대형마트 이용: 사료<br>일반 반려동물 미용실 이용: 3개월마다 |
| 불만은 무엇인가? | 자신의 품종과 행동특성을 반영한 맞춤형 관리 업소가 지역 내 없음 | 어떻게 되기를 원하는가? | 반려동물의 행동특성에 따른 관리, 정보 서비스<br>저렴한 관리 비용 |
| 창업 아이템과 관련된 행동특성 | | 반려동물 동호회 가입하여 활동<br>온라인을 통해 정보 취득 | |

(창업자의 고객 페르소나 프로필)

| 연령 | | 성별 | |
|---|---|---|---|
| 직업 | | 사는 지역 | |
| 무엇이 필요한가? | | 현재는 어찌하고 있는가? | |
| 불만은 무엇인가? | | 어떻게 되기를 원하는가? | |
| 창업 아이템과 관련된 행동특성 | | | |

### (2단계) 고객 행동특성과 불만 요소 분석

이 단계에서는 다음의 표를 활용하여 위 페르소나 프로필을 통하여 정의된 고객의 불만 요소를 보다 상세하게 분석해 봅니다. 이러한 분석을 위해서는 창업자의 비즈니스 모델을 구축하기 위해 널리 알려진 가치제안 캔버스를 활용하면 유용합니다.

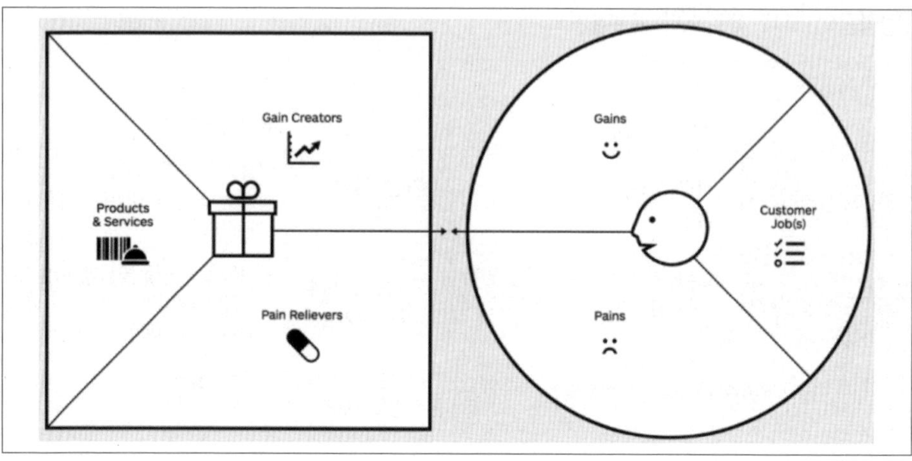

출처: https://www.strategyzer.com/canvas/value-proposition-canvas.

위 그림에서 우선 원형으로 된 부분을 작성해 보는 과정으로 누가 우리의 고객을 대표할 수 있는지 고객의 프로필을 페르소나를 활용하여 고객을 정의해 보았습니다. 그럼 이제 고객의 행동 특성을 보다 세밀하게 분석해 보도록 하겠습니다.

| 항목 | 분석 내용 |
| --- | --- |
| 고객활동 | |
| 고객불만 | |
| 고객혜택 | |

고객 행동특성과 불만 요소 분석

### 1-1) 고객 활동(Customer Job)에 대한 작성

우리가 정의한 목표 고객군Target Customer Segment이 업무나 생활 속에서 창업자가 생각하는 창업 아이템의 습득, 활용과 관련하여 고객들의 가치를 극대화시키기 위하여 어떠한 노력을 하고 있는지 활동과업을 작성해 봅니다.

이 항목을 작성하기 위해서는 특별히 창업자가 제공하고자 하는 창업 아이템과 관련하여 고객이 수행하는 활동을 행동특성으로 작성해야 합니다. 이러한 고객의 활동을 작성하다 보면 고객이 궁극적으로 어떠한 목표를 가지 있는지 보다는 보다 구체적으로 어떤 활동을 하고 있는지를 서술식주어와 행위동사가 있는 형태으로 작성해 보아야 합니다. 그래야 창업자는 고객이 어떤 부분이 진짜 불편함으로 불편한지를 알 수 있게 됩니다.

예를 들어 만약 고객의 궁극적인 목표가 '반려견에게 행복감 주기'라면 이러한 반려견을 위한 행복감을 주기 그 자체가 Customer Job이 되는 것이 아니라 고객이 자신이 돌보는 반려견을 행복하게 해주기 위하여 어떤 행동을 하고 있는지 구체적인 행동 사례를 고객의 과업Cutomer jobs로 정의합니다. 반려견에게 행복감을 주기 위해 반려견에 대한 정보를 얻기 위해 인터넷을 검색한다든가, 반려견 동호회 활동을 한다든가, 인터넷에서 관련 품종에 최적화된 사료를 찾는다든가 하는 것이 행동사례가 될 것입니다.

이러한 고객 과업은 대개의 경우는 기능적 과업Functional Job이 주를 이루지만, 그 밖에 사회적 과업Social Job과 정서적 과업Emotional Job이 있을 수도 있습니다. 과거에는 효율성을 중시하는 기능적 과업이 중시됐지만, 공급이 수요를 초과하는 제품/서비스의 상향 평준화 시대에는 오히려 고객의 기능적 과업뿐만 아니라 고객의 사회적/정서적 과업의 중요성도 또한 생각해 보는 것이 창업자 아이템의 차별화를 기획하는데 중요한 요소가 될 수 있습니다. 그렇다면 사회적/정서적 과업이란 무엇일까요? 예를 들어 최근 사회적 이슈로 등장하고 있는 친환경 탈탄소화 이슈에 부합하기 위하여 이왕이면 반려견 사료를 구매할 때, '친환경 방식 또는 원료로 생산된 사료'를 선별하여 구매함으로써 고객 스스로 사회적 이슈에 동참하고 있다는 자존감을 높이는 구매 행위가 대표적 예라고 할 수 있겠습니다.

1-2) Pains(불편한 점, 고통을 느끼는 지점)

Pains는 고객이 창업자가 생각하는 아이템과 관련하여 수행하는 구체적 활동과정에서 겪고 있는 불편 혹은 불만족스러운 결과를 정의해 보는 것을 말합니다. 여러 가지 유형의 Pains이 존재하는데, 대개 유형을 정리해보면 '원치 않은 결과, 문제, 특성', '장애물' 또는 '위험 부담' 등을 생각해 볼 수 있습니다. 고객이 효용을 극대화시키기 위하여 통상적으로 수행하는 활동에서 방식, 도구, 프로세스 등에서 여전히 해결하지 못하는 불편한 문제, 혹은 어쩔 수 없이 발생하는 결과, 애로사항, 리스크 등이 있는지를 고려해야 합니다. 이러한 Pain－Point를 찾는 과정은 창업자의 예리한 통찰력Insight가 필요한 지점이기도 합니다. 문제가 명료할수록 문제 해결의 방법과 문제가 해결 되었을 때의 지불 가치도 상대적으로 크게 발생하게 되는 것이므로 매우 중요한 분석 단계라고 말할 수 있습니다.

1-3) Gains(기대하는 결과/모습)

Gains은 고객의 불만 불편 사항이 해소된다면 고객이 얻게 되는 실질적인 혜택을 작성하는 단계를 말하는데, 이때 중요한 것은 사업자의 관점이 아니라 사업자가 제공하는 제품이나 서비스를 사용하는 고객 관점에서 실제로 고객이 얻고자 하는 것이 무엇인지를 고객의 입장에서 기술해 보는 것이 중요합니다. 이러한 고객이 획득하고자 하는 효용은 여러 가지 유형이 있을 수 있는데, 고객이 반드시 해결하기를 원하는 문제가 해결되어 얻게 되는 직접적 Gain뿐만 아니라, 심리적인 Gain, 예상치 못한 Gain 등 간접적인 부분도 함께 생각해 볼 수 있습니다.

이제 멍멍군이 작성한 '고객 행동특성과 불만 요소 분석'의 표를 한번 예시해 보도록 하겠습니다.

〈멍멍군이 작성한 고객 행동특성과 불만요소 분석 사례〉

| | 항목 | 분석 내용 |
|---|---|---|
| | 고객 활동 | • 반려견의 품종 특성에 대한 정보를 얻고자 인터넷 동호회에 가입한다.<br>• 거주하고 있는 지역 내에서 반려견을 위한 맞춤형 사료 등 공급이 가능한 곳을 찾아본다.<br>• 자신의 반려견의 행동특성을 이해하고 전담하여 관리해줄 수 있는 단골점을 찾아본다. |
| | 고객 불만 | • 반려견 품종의 생애주기별 관리정보를 제공하는 신뢰성 있는 곳이 없다.<br>• 지역 내에서 자신의 반려견의 특성을 대면 상담하고 맞춤형 사료 등을 제공해 줄 수 있는 마땅한 업체가 없다.<br>• 반려견의 사료, 용품, 건강관리 등을 통합 관리할 수 없다. |
| | 고객 혜택 | • 자신의 반려견에 특화된 맞춤형 사료를 제공해 줄 수 있다.<br>• 반려견 품종에 대한 사료, 용품, 건강정보 등 생애 전주기별 정보를 제공받을 수 있다.<br>• 반려견에 대해 믿을 수 있는 신뢰로운 전담 관리처를 지정 활용할 수 있다. |
| 고객 행동특성과 불만 요소 분석 | | |

출처: https://acquiredentrepreneur.tistory.com/33[린스프린트 블로그(Insights for Startups)].

## (3단계) 가치맵(Value Map)작성

전 단계를 통하여 우리는 고객의 행동특성과 불만 요소를 분석해보고 고객에 대해 보다 구체적으로 이해할 수 있었습니다. 이제 이번 단계에서는 이러한 고객의 행동과정에서 나타나는 불만의 요소를 공급자인 창업자가 어떻게 해결해 줄 수 있을 것인가를 생각해 보는 단계입니다. 창업자가 고객의 문제를 해결해 주는 솔루션이 과연 고객의 입장에서 불편/불만을 해결하고 기꺼이 교환가치를 가질 수 있는 제품이나 서비스가 될 수 있을 것인지를 확인하기 위한 단계라고 볼 수 있습니다.

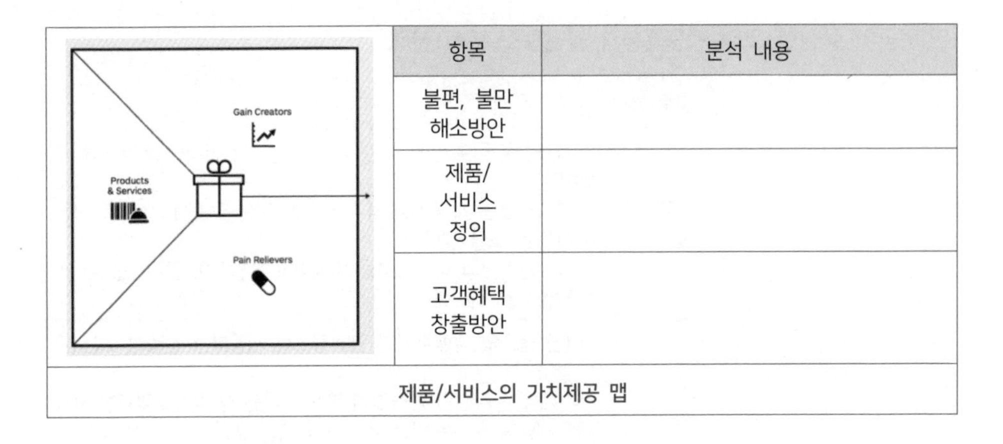


| 항목 | 분석 내용 |
|---|---|
| 불편, 불만 해소방안 | |
| 제품/ 서비스 정의 | |
| 고객혜택 창출방안 | |

제품/서비스의 가치제공 맵

### 2-1) 불편, 불만 문제점의 해소 방안(Pain Relievers)

먼저 우리는 고객의 행동특성 분석을 통해 언제, 어떤 활동을 할 때 무엇에 대해 고객이 불편과 불만을 느끼는 지를 분석해 보았습니다. 이제 공급자인 창업자의 입장에서 이러한 불편과 불만을 어떻게 해결해 줄 수 있을지 그 방안을 제시해 보는 단계입니다. 크게 세 가지 관점에서 고객의 문제를 해결하기 위한 솔루션을 생각해서 기술해 봅니다. 첫째, 고객의 문제를 기술적인 차원으로 해결하여 기능과 성능을 향상시켜 줌으로써 기존 대안과는 차별적으로 문제를 해결해 줄 수 있는가? 둘째, 고객의 문제를 서비스의 차원에서 해결하여 고객의 시간/노력/기회비용 등을 감소해 줄 수 있는가? 셋째, 심리적 만족감 차원에서 고객의 불편과 고객의 문제를 해결해 주어 고객에게 차별적 경험과 만족감을 줄 수 있는가?

이러한 세 가지 차원을 통해 창업자의 제품과 서비스가 어떤 방식으로 고객의 문제를 해결해 줄 수 있는 지를 공급자인 창업자 입장에서 내부적인 솔루션 중심으로 작성해 봅니다.

### 2-2) 제품 및 서비스(Product & Services)

위에 언급한 불편 또는 불만을 해결 방안을 고려하여 최종적으로 창업자가 생각하는 사업 아이템의 형태를 결정해 봅니다. 이때, 창업 아이템은 유형의 형태를 가진 것과 무형의 서비스로 구분될 수 있습니다. 예컨대, 특정한 상품을 직접 제조하게 된다면 제품이 될 것이며, 특정 제품을 도매가격으로 들여와 팔게 된다면 상품이 될 것입니다. 반면 서비스는 특정한 물품이 인도되는 과정이 아니라, 서비스에 대한 요금을 대가로 받는 경우를 말합니다. 제품과 서비스를 결정할 때는 소비자에게 어필될 수 있는 차별화된 브랜드명도 함께 생각해 볼 수도 있습니다. 다음의 표를 활용하여 제품 및 서비스를 구상해 봅니다. 여기서는 멍멍군의 사례입니다.

| 상호명(제품명) | 멍멍이와 냥냥이 | | |
|---|---|---|---|
| 취급 품목 | 품목명 | 차별화 방안 | 비고 |
| 상품 | 일반사료 OO종<br>반려견 용품 OO종 | 지역내 품종별 전문 사료 매입 | 매입처: OOO |
| 제품 | 맞춤형 수제 간식 OO건<br>맞춤형 사료 O건 | 맞춤형 수제 유기농간식<br>맞춤형 사료 | 직접 제조 |
| 서비스 | 미용 서비스<br>품종별 관리정보 제공 | 예약서비스, 10% 할인<br>앱을 활용한 정보 알림 | 앱 개발 |

〈창업자의 제품 및 서비스 구상〉

| 상호명(제품명) | | | |
|---|---|---|---|
| 취급 품목 | 품목명 | 차별화 방안 | 비고 |
| 상품 | | | |
| 제품 | | | |
| 서비스 | | | |

### 2-3) 고객 혜택 창출방안(Gain Creators)

창업자의 제품과 서비스가 정의되었다면, 이러한 제품/서비스가 어떻게 고객에게 전달되어 혜택을 창출할 수 있는 지를 고객의 입장에서 작성해 봅니다. 주의해야 할 점은 2-1)의 항목은 창업자의 입장에서 최종 제품이나 서비스에 탑재되는

내부적인 해결방법을 기재하는 것인 반면, 이 항목에서는 그러한 내부적인 솔루션이 최종적으로 고객에게 어떠한 혜택을 주는 형태로 구현될 것인가를 적어 본다는 점에서 차이가 있습니다.

예컨대, 고객에게 각 반려견 품종별 관리정보를 제공하기 위하여 앱을 활용한다면, 고객 불편불만을 해소하기 위한 수단으로 "고객전용 앱개발"이 될 것이고, 고객 혜택창출 방안은 회원고객을 대상으로 "모바일을 통한 반려견의 관리정보 제공"이 될 것입니다.

### (4단계) 고객 행동특성과 불만 요소 분석과 가치맵(Value Map) 정합성 확인

이번 단계에서는 고객 행동과 불만 요소를 분석한 내용과 분석 결과를 바탕으로 창업자가 제공하고자 하는 제품/서비스가 고객의 불만 요소를 해결하고 차별적 비즈니스 가치를 만들 수 있는지를 서로 매칭시켜 확인해 보는 단계입니다.

정합성을 확인한다는 것은 고객이 누구인지, 그리고 어떤 과정에서 어떤 불편점을 느끼고 있는지 그리고 그러한 불편점은 창업자는 어떠한 솔루션과 기법으로 이러한 불편과 문제점을 해결하겠는지, 그리고 그 결과 고객이 느끼는 혜택은 어떻게 설계되어 있는지를 종합적으로 하나씩 매칭시켜 확인하는 단계입니다.

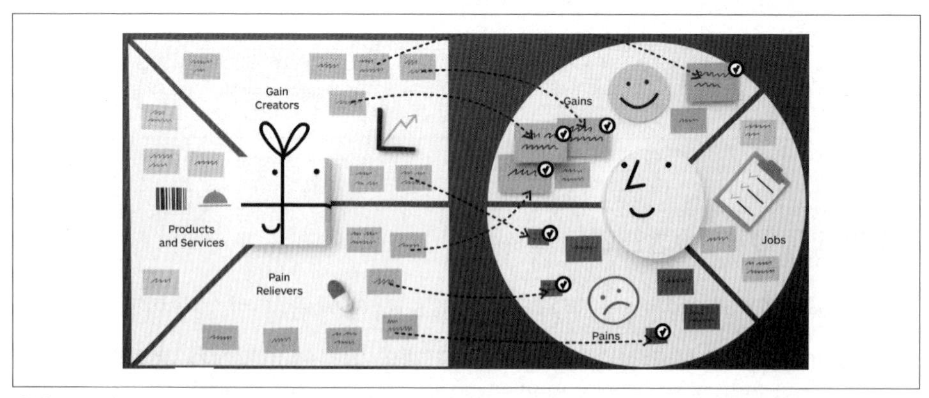


출처: https://www.strategyzer.com/canvas/value-proposition-canvas.

이러한 과정을 통하여 창업자는 사업 아이템이 고객으로부터 경제적 지불 가치를 확보할 수 있는 아이템이 되기 위하여 궁극적으로 어떤 가치를 제시해야 하는지를 명료하게 할 수 있습니다. 최종적으로 창업자는 다음과 같이 문장을 만들어 비즈니스 가치제안을 완성합니다.

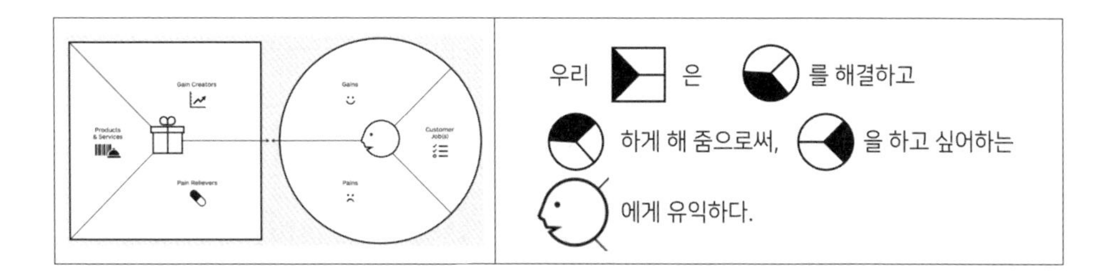


멍멍군이 작성한 예시를 보고 창업자의 가치 제안을 설계해 보시기 바랍니다.

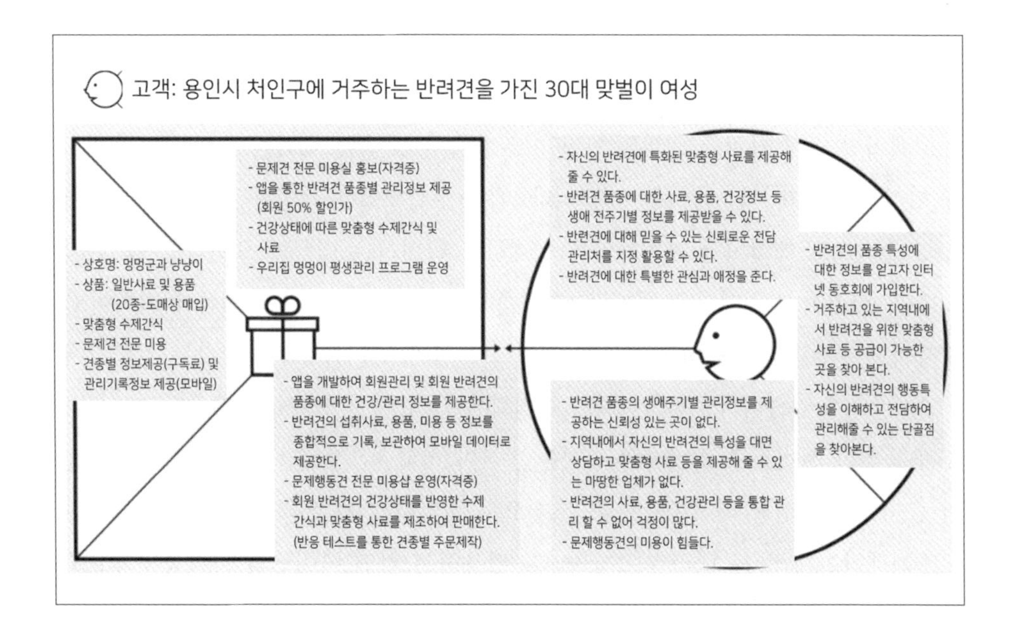

| | |
|---|---|
| 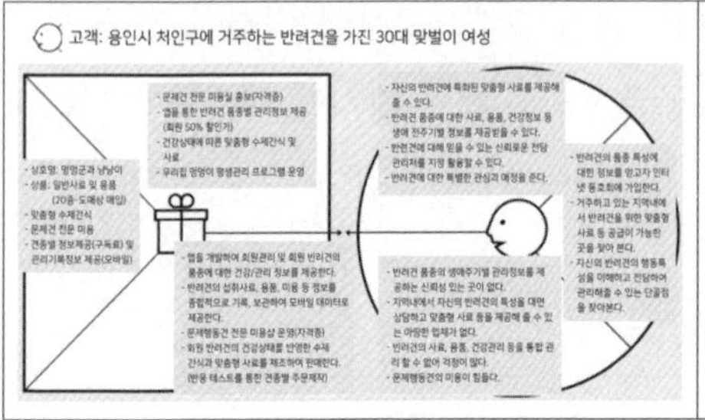 | 멍멍군과 냥냥이 반려견 전문매장은<br>지역내 나만의 반려견 맞춤서비스 찾지 못하는 고객 문제를 해결하고<br>맞춤형 수제 간식과 생애 주기 전문 관리 정보를 제공함으로써, 반려견에 대한 특별한 애정으로 믿을 만한 단골 매장을 찾고자 하는<br>용인시 처인구 지역내 반려견 고객에게 유익하다. |

## 6.3 가치제안 설계의 중요성

앞서 사업을 시작하는 창업에서 가장 중요한 점은 어떠한 차별적 비즈니스 가치Value를 고객에게 제안하느냐에 달려 있다고 언급한 바 있습니다.

고객이 차별적 가치를 느끼는 가장 쉬운 방법은 고객이 느끼는 불편과 불만 요소를 가장 적합하게 해결해 주는 것입니다. 때문에 자영업을 개업하건 또는 특정 제품을 기술적으로 개발하건 가치제안을 설계하고 확인하는 일을 중요하다고 볼 수 있습니다. 이러한 가치제안을 설계할 때는 특히 기존의 경쟁자나 대체품에 비하여 창업자의 아이템만이 제공하는 특별한 기능이나 서비스를 설계해야 한다는 것을 염두해 둘 필요가 있습니다. 만약 이러한 차별화된 가치를 설계하지 못한다면 인근 경쟁자와 동일한 서비스로 소비자의 선택을 받아야 하고 이 경우 가격을 인하하는 방법과 같이 출혈경쟁을 해야 하는 레드오션으로 진입하게 될 우려도 있기 때문입니다.

가치제안설계VPD는 내러티브Narrative를 활용하여 창업 아이템의 차별성을 전략화하는 방법입니다. 내러티브Narrative란 실제 혹은 허구적인 사건을 설명하는 것 또는 기술writing이라는 행위에 내재되어 있는 이야기적인 전개를 일컫는 말입니다. 창업을 하는 시장에서 실제 시간과 공간에서 발생할 수 있는 이야기를 인과관계를 중심으로 이야기를 구성해 봄으로써 가장 기본적인 사업아이템의 타당성을 점검해 볼 수 있다는 데 의의가 있습니다.

이러한 가치 제안을 디자인 하다보면 자연스럽게 창업자의 제품/서비스가 왜 고객에게 반드시 필요하게 되는지를 그려볼 수 있게 됩니다.

가치제안 디자인의 핵심 질문을 다시 한번 점검해 봅니다.

첫째, 목표 고객이 창업자의 아이템과 관련하여 주로 어떤 행동을 하고 있는가?

둘째, 그러한 행동을 수행하는데 있어 해결되지 않는 불편함이나 문제점은 무엇인가?

셋째, 지금 당장 불편한 것뿐만 아니라 장래에 발생할 수 있는 문제나, 고객이 가지고 있는 더 나은 기대감은 무엇인가?

넷째, 창업자는 제품/서비스를 차별화하기 위하여 어떠한 기능/서비스/특징을 어떠한 방식으로 제공할 수 있는가?

다섯째, 이러한 창업자의 방법이 기존의 경쟁자들이 해결하지 못한 불편함과 문제를 어떻게 효과적으로 해결할 수 있는가?

여섯째, 창업자가 설계한 차별화된 해결방법은 결과적으로 고객 입장에서는 어떤 혜택을 준다고 느끼게 되는가?

## 6.4 반려동물 창업 가치제안서 작성사례와 해설

위에서 언급한 가치 제안서를 실제 어떻게 작성해 볼 수 있는 지 사례를 중심으로 살펴보도록 하겠습니다. 먼저 창업가 생각하는 고객의 페르소나 프로필을 작성

합니다.

〈고객 페르소나 프로필〉

| 연령 | 30대 | 성별 | 여성 |
|---|---|---|---|
| 직업 | 회사원 | 사는 지역 | 경기도 신도시 |
| 무엇이 필요한가? | 장기 또는 단기 외출 시 반려견을 믿고 맡길 곳 | 현재는 어찌하고 있는가? | 지인에게 맡기거나 거리가 먼 반려견 유치원 이용 |
| 불만은 무엇인가? | 지인은 불안하고 반려견 유치원은 멀고 비싸서 두 가지 모두 어려움 | 어떻게 되기를 원하는가? | 집 인근에 전문가가 운영하며 호텔링을 같이하는 반려견 유치원 개원 희망 |
| 창업 아이템과 관련된 행동특성 | | 네이버 맵 등을 활용하여 집 인근 반려동물 유치원 등 케어 서비스의 위치와 평판 조회 및 이용 | |

경기도 신도시에 거주하는 30대 초반 직장인 여성 A씨는 15살이 된 노령견 푸들 제니를 키우고 있는 1인 가구 입니다. A씨의 반려견 제니는 A씨가 10대 때부터 함께 했으며 대학입시와 취준생 생활 그리고 취업 이후 사회 초년생 생활의 어려움을 함께한 친구이자 가족이자 동지입니다. 항상 귀엽고 활발했던 제니는 얼마 전부터 산책도 힘들어 하며 음식을 잘 먹지 않습니다. 직장생활을 시작한지도 5년이 넘어 승진을 하게 된 기쁨도 잠시 늘어난 업무와 책임에 직장에서 머무르는 시간은 늘어만 가고 제니가 혼자 지내는 시간도 늘어만 갑니다. 어느 날부터 제니는 A씨가 출근하려 할 때 안절부절하며 큰소리로 짖기 시작합니다. 늦은 시간에 퇴근하고 온 다음에는 온 집안이 난장판이 되어 있습니다. 가뜩이나 노령견인데 이렇게 분리불안 증세까지 보이는 제니가 A씨는 너무나 걱정이 되지만 아는 사람들은 강아지를 키워본 경험이 없어 맡기기 불안하고 인근 반려견 유치원은 멀어서 걸어서 갈 수 없을 뿐더러 비용 또한 만만치 않습니다. 거기다 A씨는 운전이 두려워 스스로 차량으로 이동을 하는 것을 무서워합니다. 이런 와중에 장기 출장, 가족 여행, 직장 연수 등 장기간 집을 비울 일이 계속 발생합니다. 이 이상 제니를 혼자 장기간 방치하

는 것은 무리라는 생각이 듭니다. 현재 수도권에 거주하는 1인 가구 반려인은 대부분 비슷한 고민을 하고 있을 것입니다. A씨를 고객으로 생각하는 창업자는 고객 페르소나 프로필을 위와 같이 정리 및 작성할 수 있을 것입니다.

〈고객 행동특성과 불만 요소 분석〉

| 항목 | 분석 내용 |
| --- | --- |
| 고객 활동 | • 노령견에 대한 전문지식이 풍부하고 몸이 아파 스트레스에 취약한 자신의 반려견을 전담 관리해줄 전문인력이 상주하는 유치원을 찾아본다.<br>• 일이 바쁘기 때문에 반려견에게 다양한 서비스를 동선을 최소화하여 받도록 노력 중이다.<br>• 운전을 하지 못하기 때문에 픽업(Pick-up)서비스를 해줄 수 있는 곳을 찾아본다. |
| 고객 불만 | • 퇴근이 부득이하게 늦어지거나 갑자기 일이 생길 경우 반려견을 방치할 수밖에 없다.<br>• 반려견에 다양한 서비스를 받고 싶지만 예약하고 데려다 주고 다른 곳으로 이동하기에 힘들고 귀찮다.<br>• 여행 등으로 장기간 호텔링 할 경우 좁은 공간에 가둬 놓기만 하는 건 아닌지 걱정이 된다. |
| 고객 혜택 | • 반려견에 대한 전문지식을 가진 전문인력이 상주하여 반려견을 케어한다.<br>• 픽업 서비스를 통해 보호자가 반려견을 데리러 오지 못하더라도 집으로 데려다 줄 수 있다.<br>• 유치원과 호텔을 동시에 운영하여 장기 호텔링 시에도 충분한 운동과 다른 동물과의 교감을 제공하여 반려견의 스트레스를 최소화 할 수 있다. |

계속해서 A씨의 행동 특성과 불만 요소를 분석해 보겠습니다. A씨는 자신의 노령견에 대한 전문 지식이 풍부하며 몸이 아파서 스트레스에 취약한 자신의 반려견을 옆에서 전담 관리해줄 전담 인력과 반려견에 대해 수시로 상의했으면 하는 바람이 있습니다. 그리고 반려견이 아프고 일이 바쁘기 때문에 여러 곳을 돌아다니며 가격을 비교하며 저렴함을 추구하기 보다는 움직임과 동선을 최소화하며 체력적 부담을 줄이고 시간을 아꼈으면 합니다. 대중교통을 주로 이용하며 직업의 특성상

굳이 차량 운전이 필요하지 않기 때문에 자동차를 구매하지 않았고 그러다 보니 반려견을 직접 데리고 갈 수 있는 행동반경에 한계가 있습니다. 이러한 상황이다 보니 몇 가지 불만요소가 있을 수밖에 없습니다. 직장 생활을 하다 보니 회식, 야근, 출장, 교육, 연수 등 다양한 사회생활에 수반되는 이벤트로 인해 퇴근이 늦어지거나 외박을 해야 하는 상황에 반려견을 집에 방치 해야만 했습니다. 호텔링을 하자니 각종 반려동물 사고를 볼 때마다 비전문가가 운영하는 곳은 아닌지 걱정이 됩니다. 또한 반려견과 함께 진료, 미용, 수제간식 쇼핑, 산책 등 다양한 활동을 함께 하고 싶지만 업체의 위치가 멀고 예약 시간을 맞추기도 어려운데다가 자동차가 없다보니 이동에 어려움과 시간을 제때 맞추지 못해서 예약이 취소되는 상황에 속상할 때가 한두 번이 아닙니다.

〈제품/서비스의 가치제공 맵〉

| | 항목 | 분석 내용 |
|---|---|---|
| | 불편, 불만 해소방안 | • 고객이 원할 경우 반려견의 유치원 등하원, 미용, 건강검진 및 응급수송 등 다양한 서비스를 원스톱으로 제공<br>• 유치원 등록 반려견을 대상으로 정기적인 미용, 교육, 산책, 펫푸드 등을 정기적으로 제공하여 별도 방문이 불필요 하도록 케어<br>• 장기 호텔링 고객을 위한 산책+교육+수제간식 제공+호텔링 및 CCTV를 통한 실시간 정보 제공 |
| Gain Creators<br>Products & Services<br>Pain Relievers | 제품/ 서비스 정의 | • 서비스: 원스톱 반려동물 케어 서비스를 유치원 등원 중에 제공하여 보호자가 별도의 시간과 노력을 들이지 않도록 함. 24시간 픽업 서비스를 통해 고객의 행동에 제약을 주지 않고 최대한 자유로운 직장 및 취미생활을 영위 할 수 있도록 지원<br>• 상품: 프리미엄 반려동물 용품을 구비하여 용품구매에 대한 고민과 불편을 해소<br>• 제품: 반려견의 비만상태에 따른 맞춤형 수제 영양간식을 만들어 배송판매 |
| | 고객혜택 창출방안 | • 멤버쉽 운영 및 멤버쉽 고객 대상 서비스 및 용품 전품목 20% 할인<br>• 정기 쿠폰북 서비스 및 멤버쉽 고객 대상 긴급 픽업 서비스<br>• 성수기 호텔링 우선 예약<br>• 포인트 적립 및 협약기업 할인 제공 |

그렇다면 창업 시 이러한 고객의 불편을 해소하기 위해 검토해 봐야 할 것에 대해 생각해 보겠습니다. 우선 노령견의 경우 체력적인 문제가 있고 보호자가 사회활동이 왕성한 20~40대인 경우 비용 보다는 시간과 노력의 절감에 가치를 둔다는 점을 간과해서는 안 됩니다. 그렇기 때문에 고객이 원할 경우 반려견의 유치원 등·하원과 미용, 건강건진, 응급 수송 등의 이동 서비스를 편하게 제공할 수 있어야 합니다. 만약 고정비용의 지출 때문에 이러한 서비스의 제공이 어려울 경우 멤버십 제도를 만들어 프리미엄 서비스를 원하는 고객만을 대상으로 서비스를 한정하는 것도 하나의 방법입니다. 또한 반려견이 유치원에 등록할 경우 유치원에서 있는 동안 정기적인 미용, 산책, 교육, 펫푸드 등을 제공하여 해당 서비스를 받기 위해 별도의 시간을 내지 않아도 되도록 상시적인 케어 서비스를 제공해야 합니다. 또한 바쁜 고객의 일정과 사회생활을 고려하여 호텔링 서비스를 심야 시간 및 장기간 제공 할 수 있도록 하고 호텔링 시에도 산책, 교육, 수제 간식과 CCTV를 활용한 실시간 정보를 제공하여 보호자의 불안감 최소화하기 위한 서비스를 창업 시 꼭 반영해야 합니다. 또한 이러한 서비스를 제공 받기 위해 제공하는 멤버십, 연회비 등의 비용이 아깝다는 생각이 들지 않도록 부가적인 다양한 서비스를 제공해야 하는데요. 대표적으로 멤버십 고객을 대상으로 정기 쿠폰북을 제공하고 전 품목 할인 서비스를 운영하여 락인lock-in효과를 발휘 할 수 있도록 해야 합니다. 여름이나 황금 연휴기간에 호텔링과 미용 등 각종 서비스 예약 우선권을 부여하며, 얼라이언스Aliance 기업의 숫자를 늘려 공동 포인트 적립과 협약기업 간 할인 서비스 제공을 통해 멤버십과 연회비를 아깝게 생각하지 않도록 하고 고객에게 락인lock-in효과가 생길 수 있는 마케팅 전략과 세심한 배려가 필요할 것입니다.

# Ⅶ

# 비즈니스 모델 구축

*Companion Animals*

# 비즈니스 모델 구축

## 7.1 비즈니스 모델이란?

비즈니스 가치를 제안하기 위해 소비자의 문제와 불편사항을 파악하고 차별적 가치를 디자인 해보았다면 이제 본격적으로 창업자의 아이템을 사업화하기 위한 다양한 점검요소를 생각해 보아야 합니다. 이렇게 창업자가 생각하는 아이템의 사업화를 위한 핵심적 요소들을 점검하는 과정을 비즈니스 모델 구축이라고 합니다.

비즈니스 모델이란 사업화를 추진하기 위해 수익을 창출하는 사업의 기초적인 설계도를 의미합니다. 즉 창업 아이템을 사업화하기 위하여 검토해야 하는 9가지의 요소를 확인하고 각 요소들 간의 연계성과 개연성을 점검함으로써 사업화 초안을 작성해 보는 것이라고 볼 수 있습니다.

비즈니스 모델은 흔히 비즈니스 모델 캔버스로 널리 알려지게 되었는데, 비즈니스 모델 캔버스란 새로운 비즈니스 모델을 개발하는 데 사용되는 전략적 사고를 위한 효율적인 템플릿으로 알려져 있습니다. 이러한 비즈니스 모델은 2010년 알렉산더 오스터왈더와 피그누어Osterwalder, Alexander/Peigner, Yves가 집필한 『비즈니스 모

델의 탄생Business Model Generation』이라는 책을 통하여 대중에게 크게 알려지게 되며, 현재는 창업자에게는 하나의 바이블과 같이 활용되고 있습니다.

이 책에서 오스터왈더는 45개국의 470명의 "비즈니스 모델 캔버스" 실무자가 공동으로 참여하여 가장 일반적인 비즈니스 모델 패턴을 설명하고 자신의 상황에 맞게 재해석할 수 있도록 판도를 바꾸는 비즈니스 모델을 체계적으로 이해, 설계 및 구현하는 방법 또는 오래된 비즈니스 모델을 분석하고 개조하는 방법을 설명하고 있습니다. 그 과정에서 고객, 유통 채널, 파트너, 수익원, 비용 및 핵심 가치 제안을 훨씬 더 깊은 수준에서 이해할 수 있도록 해주기 때문에 비즈니스 모델의 원천에 대한 강력한 인사이트를 제시해 줄 수 있습니다. 이러한 접근방법은 창업자의 창업 아이템이 끊임없이 변화하고 새로운 것을 원하는 경쟁시장에서 살아남기 위한 방법을 알려주고, 자신의 모델이 과연 비즈니스로서 성립 가능한지 점검하고 계획을 구체화할 수 있도록 도움이 될 수 있습니다. 뿐만 아니라, '창업을 위한 비즈니스 플래닝', '신규사업과 틈새시장을 위한 기획', '혁신과 창의의 조직문화 구축', '사업 아이템의 시장성과 현실성 분석', '고객 밀착형 마케팅과 유통 모델 설계' 등 비즈니스를 구성하는 요소들을 통틀어, 합리적인 사업 모델을 설계하고 구체화 할 수 있다는 점에서 매우 널리 활용되고 있습니다.

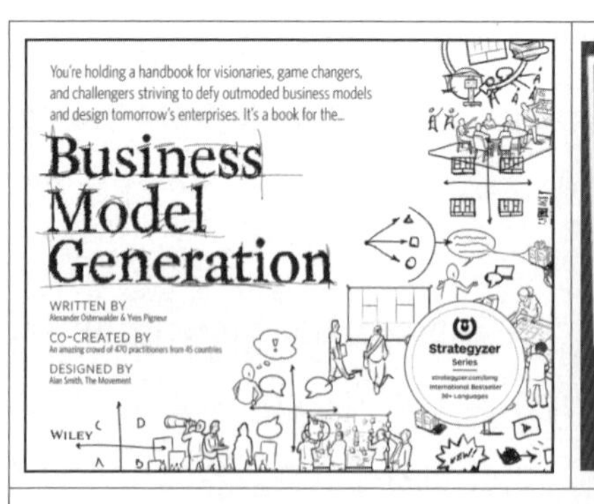

Alexander Osterwalder & Yves Pigneur "Business Model Generation" 2010

## 7.2 비즈니스 모델의 중요성

창업자는 누구나 다 사업을 어떻게 전개해 나가야겠다는 나름의 구상을 가지고 있습니다. 그런데 이러한 구상은 단순히 머릿속에 생각에 머물러 있는 상태로 무엇인가를 실행하기는 대단히 어렵습니다. 때문에 구상을 큰 항목으로 정리하고 무엇을 구체화 할 것인가를 생각해 보기 위해서는 글로써 쓰거나 스케치 해보거나 혹은 수익이 남을 수 있는지를 정량적으로 계산해보는 등의 과정이 반드시 필요합니다.

비즈니스 모델은 바로 이러한 관점에서 창업자가 가지고 있는 생각을 보다 체계적으로 정리해 줌과 동시에 사업이 타당성을 갖기 위해서 반드시 필요한 점검 요소를 체계적으로 생각해 보게 함으로써 창업자의 현재 준비상태와 앞으로 창업을 위해 고려해야할 필요 요소를 복잡하지 않은 템플릿 한 장으로 한눈에 알아볼 수 있도록 해준다는 데 큰 의의가 있습니다. 특히 비즈니스 모델 구축은 다음의 다섯 가지 가지 측면에서 창업자에게는 매우 중요한 의의를 가지고 있습니다.

첫째, 비즈니스의 가장 본질적인 측면으로써, 시장에서 창업자의 기업이 고객에게 어떤 가치를 제공하여 이익을 창출하고 있는 가를 가치제안 측면에서 설명하게 해줍니다.

둘째, 창업자의 사업화 아이템을 향후 구매가 예측되는 잠재 고객과 매칭시켜 보게 함으로써 고객과 아이템의 정합성적절한 매칭 상태인지의 유무을 점검할 수 있도록 해줍니다.

셋째, 창업자의 제품/서비스를 어떤 방식으로 고객에게 전달하고 판매하는 것이 가장 효과적일 것인가를 설명하고 정리할 수 있도록 도와줍니다.

넷째, 창업자가 보유한 역량이 창업 아이템의 사업화를 위해 어떻게 활용될 수 있는가를 설명해 줍니다.

다섯째, 고객가치를 창출시키기 위한 기업의 내부역량과 외부환경을 연계하여 설명해 줍니다.

결론적으로 비즈니스 모델은 창업자에게는 “내 사업이 누구에게, 어디서, 어떤 방법으로 전달하여 어떻게 수익을 창출해야 하는 가를 쉽게 점검할 수 없을까?”라는 측면에서 중요한 수단적 의의가 있으며, 또한 투자자에게도 “저 사업에 투자하기 위해서 최소한 점검해야 할 것이 무엇이지? 투자 회수기간까지 지속 가능한 계속기업으로 존속할 수 있나를 한 장으로 볼 수 없을까?”라는 차원에서도 도움을 줄 수 있다고 볼 수 있습니다.

그렇다면 비즈니스 모델을 구축할 때, 염두해 두어야 하는 성공적인 비즈니스 모델이란 무엇을 의미할까요? 창업자에게 성공적인 비즈니스 모델이란 최소한 두 가지 요소를 동시에 충족하는 것을 의미합니다. 이때 두 가지 요소란 우선 창업 이후 망하지 않고 살아남는 것 즉 “지속성의 요소”와 경쟁 상황하에서도 돈을 벌 수 있는 것 즉 “경쟁력의 요소”를 동시에 충족하고 있어야 함을 의미합니다.

이 두 가지 요소를 보다 구체적으로 살펴보면 다음과 같습니다.

“지속성의 요소”는 창업자의 비즈니스를 전체적으로 조망하여 볼 때, 돈을 벌 수 있는 선순환의 구조가 개연성 있게 설명될 수 있는가와 다른 경쟁자가 쉽게 따라하지 못하도록 모방 불가능성을 어느 정도 확보하고 있는가를 살펴보고자 하는 것입니다. 예컨대 백화점 판매대에서 재고상품에 대해 시즌 할인 행사를 하는 것은 행사를 진행하는 당시에는 고객들이 바글바글 몰려들어 성황리에 판매되는 것처럼 보이지만, 1년이라는 기간을 전체적으로 놓고 생각해 볼 때 매월 할인 행사를 할 수는 없는 것이므로 사업적으로 선순환 구조를 가지고 있다고 볼 수는 없을 것입니다. 또한 이러한 당해 연도 재고처분을 위한 시즌할인 행사는 누구나 쉽게 따라 할 수 있는 것이므로 만약 다른 경쟁 백화점들도 시즌 할인 행사를 모두 진행한다면 결과적으로 가격인하에 대한 출혈경쟁을 피할 수 없을 것이므로 “지속성의 요소”에 잘 부합하고 있다고 할 수는 없을 것입니다.

"경쟁력의 요소"는 고객이 창업자가 제시하는 제품이나 서비스에 대해 일반적인 제품이나 경쟁제품에 비해 얼마나 강한 구매의 욕구를 느끼도록 할 수 있느냐 즉 소비자에 대한 상대적으로 우월한 차별적 가치제안을 하고 있느냐를 점검함과 동시에 이러한 차별적 가치제안을 위해 제공되는 제품/서비스가 결과적으로 창업자에게도 수익이 될 수 있느냐를 살펴보고자 하는 것을 말합니다. 예컨대 당해 연도 재고처분을 위해서 의류의 50% 할인 행사를 진행한다는 것은 가격적인 측면에서 다른 일반 매장의 동일 제품에 비하여 백화점 납품 제품의 품질과 서비스 수준을 신뢰하면서 보다 싸게 제품을 구매하고자 하는 고객에게는 상대적으로 차별적인 구매 욕구를 강력하게 느끼게 하는 명확한 가치를 제안할 수는 있을 것입니다. 그러나 판매자 입장에서는 이렇게 해서 도대체 몇 개를 팔아야 손해를 보지 않고 최소한의 이익이라도 볼 수 있는가를 따져보는 것 이른바 수익의 매커니즘을 분석해 보는 일은 또 다른 점검요소가 될 것입니다. 무조건 경쟁 제품보다 싸게 팔게 된다

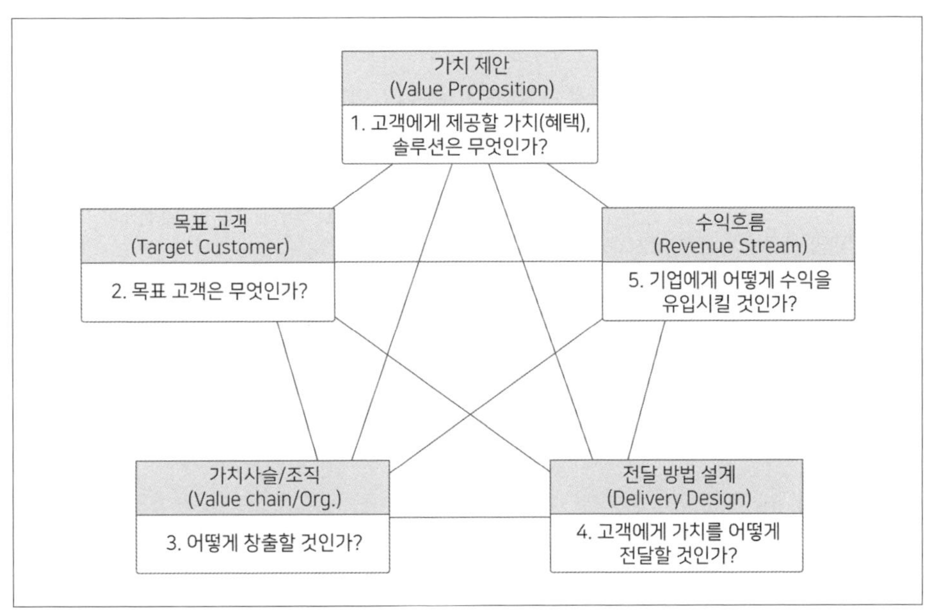


출처: 삼성경제연구소, "성공적인 비즈니스 모델의 조건", 2011.

면 고객으로부터 호응을 얻어내는 것은 가능하지만, 공급자인 창업자의 입장에서는 계속 손해를 보지 않아야 한다는 전제에서 경쟁력을 가져야만 하기 때문입니다.

유의해야 할 점은 성공적인 비즈니스 모델이란 위에서 언급한 "지속성의 요소"와 "경쟁력의 요소"를 동시에 모두 충족할 수 있는 비즈니스인가를 염두해 두면서 사업화 모델의 적정성을 점검해야 한다는 점을 잊지 말아야 합니다.

일반적으로 성공적인 비즈니스 모델을 검토하기 위하여서는 다섯 가지 요소를 염두해 두고 비즈니스 모델을 만들어 나갑니다.

이같이 성공적인 비즈니스 모델 구축을 위해서 창업자는 각각 다섯 가지 요소를 어떻게 조합하여 비즈니스 모델을 개발해야 할 것인지를 생각해야 합니다. 이를 위하여 다음의 다섯 가지 관점에 대한 질문에 대해 창업자가 가지고 있는 계획과 생각을 구상해 보고 구체화시켜 나가야 합니다.

| 핵심 점검 항목 | 비즈니스 모델 개발의 착안점 |
|---|---|
| 시장 분석의 관점 | 어떤 시장에서 판매할 것인가?(Market)<br>(오프라인 지역은 어디인가? 온라인 플랫폼은 어디인가? 등) |
| 시장내 고객 분석의 관점 | 시장내에서 구체적으로 누구에게 어떤 가치를 전달할 것인가?(Customer) |
| 시장내 경쟁사 분석의 관점 | 나와 경쟁관계에 있는 다른 경쟁사와 차별 포인트는 무엇인가?<br>왜 차별포인트가 된다고 생각하는가?(Competitor) |
| 회사 경영의 프로세스 관점 | 창업이 개시되면 창업자는 구체적으로 어떤 활동을 수행해야 하는가?(Process)<br>제품의 개발은? 공급처 확보는? |
| 수익 매커니즘의 관점 | 매출과 비용은 어떻게 발생하는가?(Revenue/cost)<br>얼마에 판매할 것인가?(가격)<br>이익은 얼마로 책정할 것인가?<br>얼마나 많이 제조(생산)할 것인가?<br>얼마나 많은 수량을 확보할 것인가?(재고) |

## 7.3 비즈니스 모델 캔버스 작성

앞서 언급한 비즈니스 모델Business Model Generation의 탄생의 저자인 알렉산더 오스터 왈더는 전세계에 150만부 이상 팔린 베스트셀러의 저자이며 '경영 사상의 오스카상'인 Thinkers 50에 선정된 경영학 분야의 전문가로 알려져 있습니다. 그는 자신의 이론을 단순히 책으로만 집필하지 않고 "Strategyzer"라는 경영 컨설팅 기업을 공동 설립하여 여러 가지 경영 모델들을 현실에 적용 시켜보고자 노력하였는데, 그러한 노력의 결과물로 탄생한 것이 바로 '비즈니스 모델 캔버스'입니다.

오스터왈더는 '비즈니스 모델'을 '하나의 조직이 어떻게 가치를 창조하고 전파하며 포착해내는지를 합리적이고 체계적으로 묘사 해낸 것이다'라고 정의하고 있습니다. 그는 비즈니스를 단순히 물건을 만들어서 파는 행위가 아닌 고객이 원하는 가치를 창조하는 행위라고 보았고, 보다 구체적으로는 '비즈니스 모델'은 9가지의 항목들로 구성 되어 있다고 보았습니다. 오스터왈더는 이러한 9가지 항목들을 은 "비즈니스 모델 캔버스"라고 불리게 되는 9개의 "빌딩 블록"의 형태로 제시하였습니다.

이러한 비즈니스 모델 캔버스는 2005년 알렉산더 오스테르발더Alexander Osterwalder가 처음 제안하였으며, 2010년에는 비즈니스 모델 개념화의 넓은 범위의 유사성에 따라 단일 참조 모델을 제안하게 됩니다. 이 같은 비즈니스 모델 디자인 템플릿을 활용하면 기업이 비즈니스 모델을 쉽게 설명할 수 있는 장점이 있습니다. 오스터왈더의 비즈니스 모델 캔버스에는 고객 세그먼트, 가치 제안, 채널, 고객 관계, 수익원, 주요 리소스, 주요 활동, 주요 파트너십 및 비용 구조의 9개의 상자가 각각의 블록을 구성하는 테이블 형태로 제시됨으로써 한 장으로 비즈니스 모델을 설계할 수 있고 설명할 수 있다는 점에서 많이 활용되고 있습니다.

주의할 점은 비즈니스 모델 캔버스는 단 한 장을 그려서 활용하는 것이 아니라는 점입니다. 비즈니스 모델 캔버스는 궁극적으로 사업화의 모델의 적합성을 설계하기 위한 수단이므로 창업자는 비즈니스 모델을 그려보고, 변경해보고 다른 모델을 착안해 보는 등 노력이 필요합니다. 특히 비즈니스를 둘러싼 외부 환경요소의 변화나 검토과정에서 내부 역량의 변화가 있을 때는 수시로 비즈니스 모델을 바꾸어 봅니다. 이같이 비즈니스 모델의 틀을 바꾸어 보는 것을 비즈니스 모델 피봇팅BM Pivoting이라고 합니다.

**[비즈니스 모델의 구체화와 피보팅 과정]**

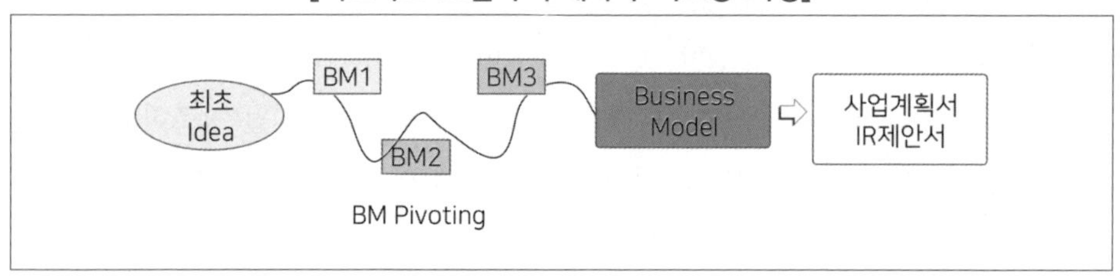


그럼 지금부터 이러한 비즈니스 모델 캔버스를 활용하여 창업자가 사업화 하고자 하는 아이템의 9가지 핵심 요소를 블록화 시켜 비즈니스 모델을 설계해 보도록 하겠습니다. 여기서는 오스터왈더의 비즈니스 모델 캔버스의 작성을 위한 가이드라인을 보다 창업자의 입장에서 쉽게 적용할 수 있도록 다소 변형하여 작성 방법을 설명해 보도록 하겠습니다.

비즈니스 모델 캔버스는 비즈니스의 핵심 구성 요소를 블록화 하여 한 장의 표로 만든 것이라고 보면 이해하기가 쉽습니다. 이러한 블록에 포스트잇을 활용하여 붙이거나 또는 직접 작성하는 형태로 창업자의 생각과 구상을 나타내 보는 것을 말합니다. 이때 작성하는 글을 지나치게 구체적일 필요는 없습니다. 간략한 문장이나 단어의 형태로 창업자의 구상을 설명할 수 있는 수준으로 표현하는 것이 중요합니다.

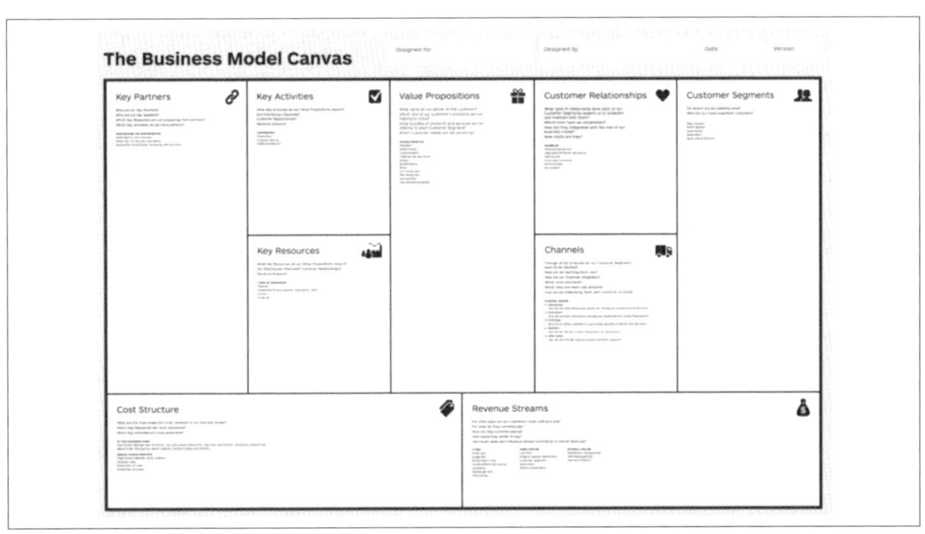


출처: Osterwalder, Alexander; Pigneur, Yves; Clark, Tim (2010).《Business Model Generation: A Handbook For Visionaries, Game Changers, and Challengers》

비즈니스 모델 캔버스의 구성 항목은 아홉 가지의 핵심 요소로 구성되어 있습니다. 고객에 대한 부분, 가치제안에 대한 부분, 채널에 대한 부분, 고객 관계에 대한 부분, 수익구조에 대한 부분, 핵심 자원에 대한 부분, 핵심활동과 관련된 부분, 핵심파트너들의 관계, 그리고 사업화를 위한 비용구조를 분석하는 요소입니다.

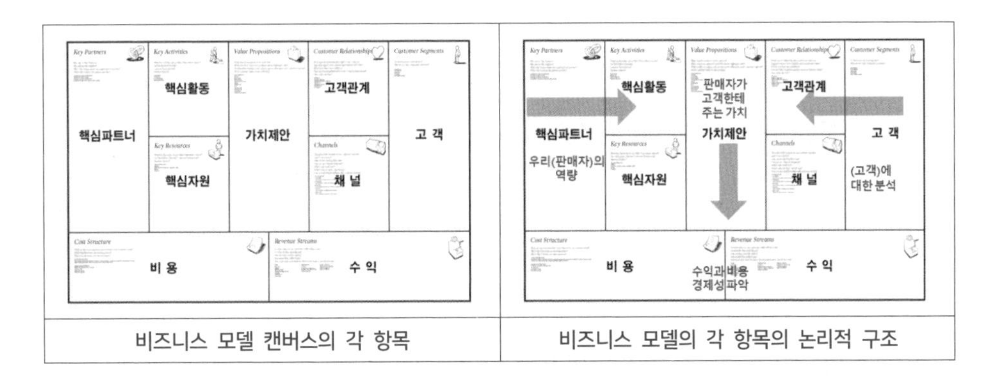


| 비즈니스 모델 캔버스의 각 항목 | 비즈니스 모델의 각 항목의 논리적 구조 |
| --- | --- |

캔버스의 중심에는 판매자가 고객에게 주는 핵심 가치가 무엇인지를 나타내도록

구성되어 되어 있으며, 이것을 중심으로 시장과 고객에 대한 관계를 나타내는 부분, 창업자의 역량과 활용 가능한 자원을 바탕으로 한 역량을 나타내는 부분으로 나누어 볼 수 있고 이러한 요소가 결과적으로 구조화된 수익이 투입된 비용을 초과할 때 이익을 가져올 수 있느냐를 논리적인 전개로 생각해 보도록 구성된 것이라고 볼 수 있습니다.

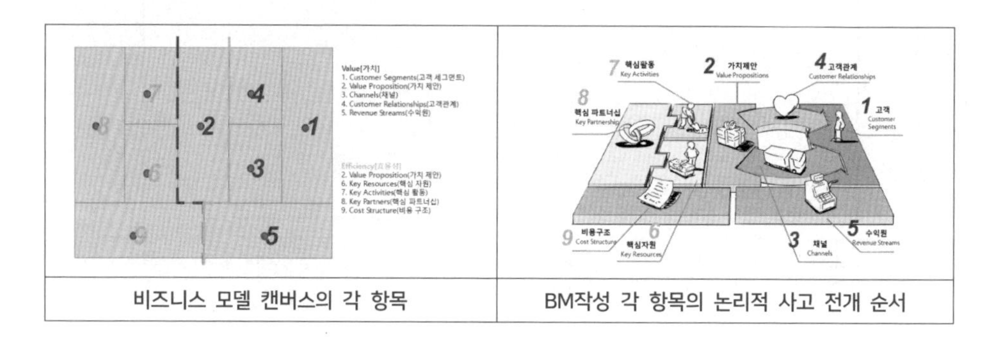


| 비즈니스 모델 캔버스의 각 항목 | BM작성 각 항목의 논리적 사고 전개 순서 |
|---|---|

이 같은 비즈니스 모델 캔버스를 작성할 때는 논리적인 개연성설득이 가능한 타당한 스토리을 구현하기 위하여 사고 전개를 순서대로 진행해 보는 것이 좋습니다.

일반적으로 고객 → 가치제안 → 채널 → 고객관계 → 수익원 → 핵심자원 → 핵심활동 → 핵심파트너 → 비용구조  순서로 비즈니스 각 핵심구성 요소를 생각해 보도록 합니다.

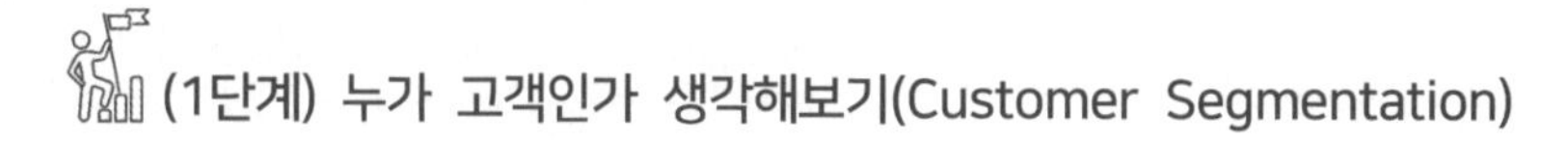

### (1단계) 누가 고객인가 생각해보기(Customer Segmentation)

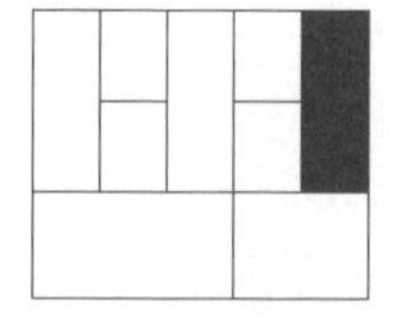

Customer Segments

제일 먼저 생각해 볼 부분은 창업자가 사업화 하고자 하는 아이템의 고객이 누구인가 하는 부분입니다. 창업이라는 것은 창업자가 공급자 입장에서 제품이나 서비스를 개발하여 소비자에게 제공한다는 개념이 아니라, 시장에서 고객이 요구하는 제품이나 서비스를 창업자가 고객의 요구에 맞도록 제공한다는 고객 중심의 사고에서 출발해야 합니다. 따라서 가장 먼저 생각해야 할 부분은 창업자가 제공하고자 하는 제품과 서비스를 이용하려는 소비자 즉 고객이 누구인가를 생각하는 일입니다. 이때 Segments란 가급적이면 잠재적인 고객군 중에서 창업 1년차에 목표 고객이 될 수 있는 고객을 특정할 수 있을 때까지 나누어 보는 것을 말합니다. 다음의 핵심 질문에 대한 답을 생각해 보는 부분이라고 볼 수 있습니다.

"당신이 하고싶어 하는 사업은 누구를 대상으로 하는 가요?"
"그 사람이 누구인지 세부적으로 예시하여 들어볼 수 있나요?"
"그 사람이 돈을 지불하는 구매자인가요?"
"고객들이 주요 모여 있는 곳은 어디인가요?"
"고객은 인구통계학적으로 나누어 볼 수 있나요?"
"당신의 사업은 B to B 인가요? B to C 인가요?"
"그 사람은 돈을 지불하지는 않지만 당신이 제공하는 제품과 서비스를 사용하는 당사자인가요?

이렇게 고객을 분류해 볼 때는 사용자와 구매자로 구별해 보기도 하고, 잠재고객과 현재고객으로 분류해 보기도 합니다. 그리고 때때로 TAM, SAM, SOM 개념으로 고객의 범주를 대별해 볼 수도 있습니다.

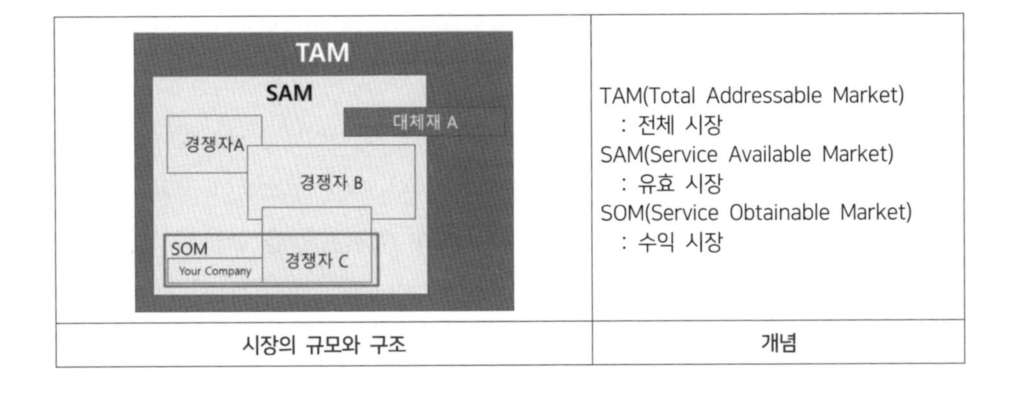


| 시장의 규모와 구조 | 개념 |
|---|---|
| | TAM(Total Addressable Market)<br>: 전체 시장<br>SAM(Service Available Market)<br>: 유효 시장<br>SOM(Service Obtainable Market)<br>: 수익 시장 |

TAMTotal Addressable Market은 제품이나 서비스가 포함된 큰 영역의 전체 비즈니스 시장을 의미합니다. 예컨대 국내 반려동물 시장 전체를 말하는 경우입니다. 이러한 시장에 대한 정보는 흔히 각종 정부 기관이나 연구기관 또는 시장 조사기관 등을 통해 해당 자료를 찾아 볼 수 있습니다.

SAMService Available Market은 TAM 영역 중 창업자가 궁극적으로 진출하고자 하는 비즈니스 목표 시장을 의미합니다. 흔히 창업 후, 7년 이내 본격적으로 진출할 비즈니스 분야의 시장을 의미한다고 이해해 볼 수 있습니다. 이러한 시장은 창업자가 진출하고자 하는 시장을 의미하므로 창업자의 주관적인 선택이 들어가 있다고 볼 수 있습니다. 따라서 추정과 가정을 통하여 정의해 볼 수 있습니다. 예컨대 강아지와 고양이를 중점적으로 케어하는 시장을 목표로 한다고 가정하는 경우입니다.

SOMService Obtainable Market은 보다 구체적으로 창업자가 창업 초기에 진입하여 시장 점유율을 확보해 갈 목표 시장을 말합니다. 때문에 SOM은 SAM×목표 점유율로 표현되기도 합니다. SOM은 궁극적으로 창업자에게 수익을 가져다 줄 수 있는 구체적인 시장으로 정의되어야 합니다. 때문에 창업 1년 차에 직접 진입할 구체적 목표 시장으로 정의해 보는 것이 바람직합니다. 내가 진입할 목표 고객을 명료히 해봄으로써 그러한 목표고객을 위한 실질적인 영업력인력, 서비스 범위, 내부적인 자원 등을 실질적으로 고려해 볼 수 있기 때문입니다.

창업초기에는 고객이 누구인지를 명확히 할수록 창업자의 사업전개는 선택과 집중을 통하여 비용을 절감하면서 보다 수월하게 사업을 진행해 나갈 수 있을 것입니다.

물론 때때로 창업자가 생각하는 고객이 정말로 창업 아이템을 구매할 대상 고객이 될 수 있는가에 대한 의구심이 들 때가 있습니다. 때문에 고객이 정말 내가 목표로 하는 고객이 맞는지 그러한 고객이 존재하고 있는지 등을 반드시 실증을 통하여 검증해야 합니다. 이러한 부분은 고객검증 챕터에서 다시 한번 다루도록 하겠습니다.

## (2단계) 제품 서비스의 가치를 명료화 하기(Value Propositions)

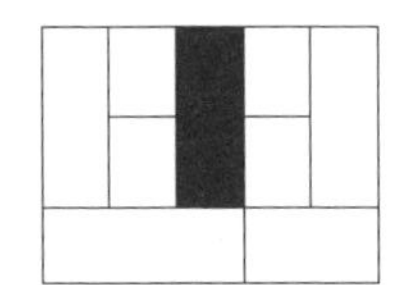

Value Propositions

누차 강조한 바와 같이 창업은 1회차의 물건의 인도나 서비스의 제공에서 끝나는 것을 전제로 하는 것이 아니라, 지속적인 재구매의 선순환 구조를 만드는 것을 목적으로 합니다. 때문에 고객이 왜 제품을 구매하는지 그 가치를 확인하고 만드는 것은 창업기업의 지속성을 확보해 나가기 위해 가장 중요한 개념이라고 볼 수 있습니다. 제공하는 가치가 무엇이냐에 따라 창업 아이템의 기술개발 방향과 시장진입의 방향, 홍보를 위한 브랜딩 등의 방향이 결정되기 때문입니다.

고객 가치와 관련하여 다음의 핵심 질문에 대한 답을 고민해 보도록 합니다.

"고객은 다른 제품이나 서비스를 선택할 수도 있는데, 왜 굳이 당신의 제품과 서비스를 구입하거나 이용해야 할까요?"

"고객이 당신이 제공하는 제품이나 서비스를 이용한 이후 얻게 되는 만족감은 어떤 것인가요?"

"당신의 제품과 서비스는 고객에게 어떠한 효용 가치를 준다고 볼 수 있나요?"

이러한 가치 제안을 구상할 때 주의해야 하는 점은 가치의 제안을 창업자의 아이템으로 혼동하지 않아야 한다는 것입니다. 가치란 특정 물품이나 서비스를 이용한 고객이 느끼는 궁극적 만족감을 의미하는 것으로, 제품이나 서비스가 아무리 좋아도 가격이 높다면 고객이 만족감을 느끼지 못하는 것처럼, 제품이나 서비스 그 자체로써 어떠한 가치를 제공할 수는 없기 때문입니다. 일반적으로 고객은 자신이 처한 문제나 어려움, 애로를 해결해주고 자신의 특정한 욕구를 충족시켜줄 때 만족감이 증대되게 되고 가치를 제공 받았다고 느끼게 됩니다. 때문에 창업자는 항상 제품과 서비스가 궁극적으로 제공해주는 가치가 무엇인지를 잊지 말아야 합니다.

## (3단계) 어떻게 전달할지 결정하기(Channels)

Channels

채널이란 창업자가 생각하는 아이템의 가치를 고객에게 인지시키고 전달할 수 있는 경로를 이야기 합니다. 개업을 했다고 해서 고객이 창업자의 아이템과 제공하는 서비스를 모두 알게 되는 것은 아닙니다. 또 알게 되었다 하더라도 어떠한 느낌과 이미지로 창업자의 제품과 서비스를 받아들이게 되느냐는 별개의 문제라고 볼 수 있습니다. 때문에 채널은 단순히 홍보만을 이야기 하는 것은 아니며, 고객이 창업자의 아이템을 인지하고 구매욕구를 느끼게 만드는 제반의 모든 과정을 말한다고 볼 수 있습니다.

"고객은 어떻게 당신의 창업 사실을 알게 되나요?"
"고객이 당신의 제품과 서비스에 대해 알게 되는 경로는 무엇인가요?"
"당신의 제품을 전달받게 되는 과정(시간, 접근성 등)은 어떠한가요?"
"온라인과 오프라인 모두를 포괄하고 생각해 보았나요?"
"당신의 제품을 전달받게 되는 과정(시간, 접근성 등)은 어떠한가요?"
"당신의 제품과 서비스를 홍보하기에 적당한 수단은 무엇인가요?"
"당신의 제품과 서비스를 전문적으로 다루고 있는 유통점은 누구인가요?"
"고객으로부터 Feedback을 받을 수 있는 경로는 무엇인가요?"

이러한 채널을 설계하고 구상할 때는 크게 온라인과 오프라인 등을 생각해 보는 것도 중요하지만, 창업자가 조달할 수 있는 재원의 범위를 고려해 보는 것이 중요합니다. 일반적으로 많은 창업자는 블러그 마케팅, 인스타그램이나 유튜브 등과 같이 온라인 홍보를 단순하게 생각하는 경우를 볼 수 있습니다. 채널은 궁극적으로 목표 고객이 창업자의 제품과 서비스를 인지할 수 있는 핵심적 접점이 무엇인가를 파악하고 설계하는 것에서 출발합니다. 뿐만 아니라 어느 경로가 가장 비용대비 효과가 클 것인지를 고려하여 우선순위를 정하는 것 또한 고려해야 할 요소입니다.

### (4단계) 지속 가능성 설계하기(Customer Relationships)

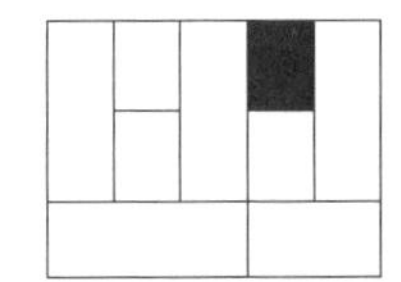

Customer Relationships

고객관계란 단순히 고객만족을 위한 설계를 의미하는 것이 아닙니다. 고객관계란 창업자의 아이템을 최초로 이용한 고객이 계속해서 재구매를 통하여 지속적인 관계를 유지할 수 있는 방안을 설계하는 것이라고 말할 수 있습니다. 이러한 설계는 고객의 대상에 따라 달라질 수 있으며 개별적인 전략을 구상해 볼 수도 있지만, 기본적으로는 창업자의 제품과 서비스를 한번이라도 이용한 고객이 어떻게 재구매, 재방문하도록 유도할 것인가를 중점적으로 생각해 보는 것이 중요합니다.

"고객이 당신의 제품과 서비스의 재구매를 유도하기 위하여 어떤 유인책이 마련되어 있나요?"
"단골고객, 충성고객이 된다면 고객이 얻게 되는 혜택은 무엇인가요?"
"당신의 점포, 아이템을 한 번이라도 이용한 고객은 어떤 방식으로 관리될 예정인가요?"
"고객의 지속적인 재구매를 유도하기 위해서 소요되는 비용은 무엇인가요?"

창업자의 아이템이 끝없이 새로운 신규고객을 발굴하는 것도 중요하지만, 한번이라도 창업자의 제품과 서비스를 이용한 고객을 유지관리하는 것도 매우 중요합니다. 특히 4차산업혁명 이후 고객은 자신이 제품이나 서비스를 인지하고, 배송받고 사용하고 그 경험을 전파하고 알리는 주체로 인식되고 있습니다. 고객이 단순히 제품이나 서비스를 인도받거나 일회성으로 이용하는 차원이 아니라, 제품을 인지하고 사용하고 경험하는 제반의 모든 과정을 하나의 상품으로 인식한

다는 것을 알게 되면서 많은 창업자는 고객이 겪게 되는 이러한 제반의 과정을 점검하고 설계하고 관리하려고 합니다. 이것을 고객경험관리CEM: Customer Experience Management라고 합니다. Customer Relationships는 이러한 고객 경험관리 차원에서 어떻게 제품과 서비스를 설계할 것인가에 대한 시사점을 주는 항목이라고 말할 수 있습니다.

### (5단계) 수익항목 설계하기(Revenue Streams)

Revenue Streams

고객이 최종적으로 돈을 지불하는 대상을 수익원이라고 합니다. 이 단계에서는 이러한 수익원에 대한 아이디어를 다각화 할 수 있도록 생각을 확장해 보아야 합니다. 때문에 이 단계를 점검하기 위해서는 벤치마킹할 다양한 경쟁업체와 대체 업체의 사례를 탐색해 보는 것이 중요합니다. 특히 경쟁사들의 제품에 대한 고객들의 구매 후기를 통하여 어떠한 수익원들이 고객으로부터 소구점을 얻을 수 있는 지를 확인해 볼 필요가 있습니다. 단순히 제품의 판매나, 서비스에 대한 대가를 지불받는 형태뿐만 아니라 수익원을 보다 다양화 할 수 있는 방안은 없는지를 생각해보는 단계이기도 합니다.

"고객이 가격을 지불하고 교환하고자 하는 구체적 대상은 무엇인가요?"
"당신이 고객에게 직접 판매하는 것 이외의 수익원이 될 수 있는 것은 없나요?"
"빌려주거나, 구독하거나, 다른 제품과 연계하여 수익을 증대시킬 수 있는 방안은 없나요?"
"라이센싱 형태나 중개 수수료가 가능한가요?"

수익원이 다양할수록 창업초기의 사업의 안정성은 높아집니다만, 수익원 다양화에 따른 추가적인 재원을 함께 고려해야 합니다. 흔히 수익원의 다양성을 위하여

서는 물품의 판매뿐만 아니라, 이용료, 가입비, 대여료, 임대료, 중개수수료, 광고료 등을 생각해 볼 수 있으며, 가격제안 또한 정찰제, 할인가, 패키지, 세트 등을 생각해 볼 수 있고 때때로 맞춤형 변동가격제도 생각해 볼 수 있습니다.

### (6단계) 창업자의 핵심자원 확인하기(Key Resources)

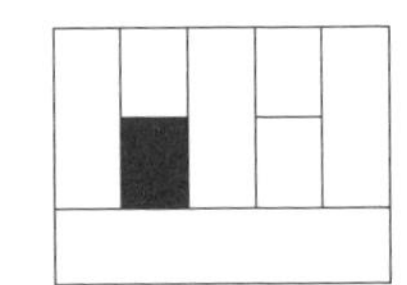

Key Resources

사업을 하려면 사업화를 추진하는 당사자인 창업자가 다른 사람들에 비해 창업에 유리한 무엇인가를 가지고 있어야 유리합니다. 출발점이 다르다면 경쟁에서 유리하게 될 것이기 때문입니다. 이 단계에서는 창업자가 보유하고 있는 차별화된 무기가 무엇인가를 점검해 보는 과정입니다. 창업자가 보유한 자원은 크게 공장설비나, 기계장치와 같은 물적자원, 기술과 노하우를 가진 직원이나 막강한 네트워크를 가진 영업 직원 등 인력 의미하는 인적자원, 산업재산권이나 노하우와 같은 무형의 지적자원, 보유하고 있는 현금자산과 같은 재무적 자원을 자원도 함께 점검해 봅니다.

"다른 사람이 아니라 당신이 꼭 이 사업을 해야 되는 이유는 무엇인가요?"
"다른 사람보다 당신이 이 사업을 더 잘할 수 있는 장점은 무엇인가요?"
"공급채널을 위해서 회사가 꼭 보유해야 하는 필수 자원은 무엇인가요?"
"사업화 추진을 위하여 현재 준비된 물적자원, 인적자원, 지적 자원, 재무적 자원은 각각 무엇인가요?

사업화를 추진하기 위하여 그리고 경쟁우위를 확보하기 위하여 창업자가 보유하고 있는 자원을 확인하는 것은 사업화를 추진하기 위하여 무엇인 강점이며 무엇이 약점인지를 파악할 수 있도록 해줍니다. 또한 사업을 추진해 나갈 때 선택과 집중을 해야 할 부분을 알게 해줌으로써 효율적인 전략을 수립에 도움이 될 수 있습니다.

만약 이러한 핵심자원이 명료하지 않다면 창업자는 필요한 인력채용이나 기술이전을 통한 기술도입과 같은 보완을 통하여 경쟁자원을 확보해 나갈 필요가 있습니다.

### (7단계) 사업화 추진의 중점활동 점검하기(Key Activities)

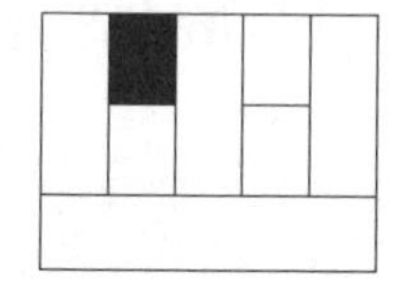

Key Activities

창업 이후, 사업을 지속적으로 유지하고 발전시켜 나가기 위해선 끊임없는 활동을 전개해 나가야 합니다. 이 단계에서는 창업자가 해야 할 핵심적인 활동이 무엇인지를 점검하는 단계입니다. 앞서 언급한 바와 같이 창업초기에는 창업자가 모든 일을 다 하는 것보다는 필요하다면 외부 자원을 활용하는 것이 더 유리한 경우도 있을 수 있습니다. 따라서 이 단계에서 창업자는 창업자가 생각한 핵심 비즈니스 가치를 고객에게 전달하기 위하여 무엇을 스스로 할 것이고 무엇을 외부에 맡길 것인가를 점검해 보는 것도 중요합니다. 예컨대 창업초기 기업이 제품을 제조하는 경우에는 공장과 시설장비를 모두 갖추기 보다는 필요한 제품을 OEM을 통하여 제조하는 것이 비용의 투자와 위험도를 고려할 때는 더 유리할 수도 있다는 것입니다.

"사업화를 추진하기 위하여 창업자가 직접 추진해야 할 일과 외부에 위탁을 맡길 일은 무엇인가요?"
"사업을 추진하기 위해 상품/제품 개발, 마케팅/영업 차원에서 어느 시기에 언제까지 무엇을 어떻게 추진해 나갈 것인가요?"
"제품/서비스의 출시 시기와 인허가 사항을 고려하였을 때, 반드시 일정을 고려하여 계획대로 차질없이 추진되어야 하는 핵심 활동 사항은 무엇인가요?

이 단계에서 창업자는 특히 제품/서비스의 목표 출시일을 기점으로 역산하였을 때 연간단위로 추진되어야 할 주요 사항들을 종합적으로 점검해 보도록 합니다. 갠트차트를 활용하여 주요 활동을 점검하는 것도 좋은 방법입니다.

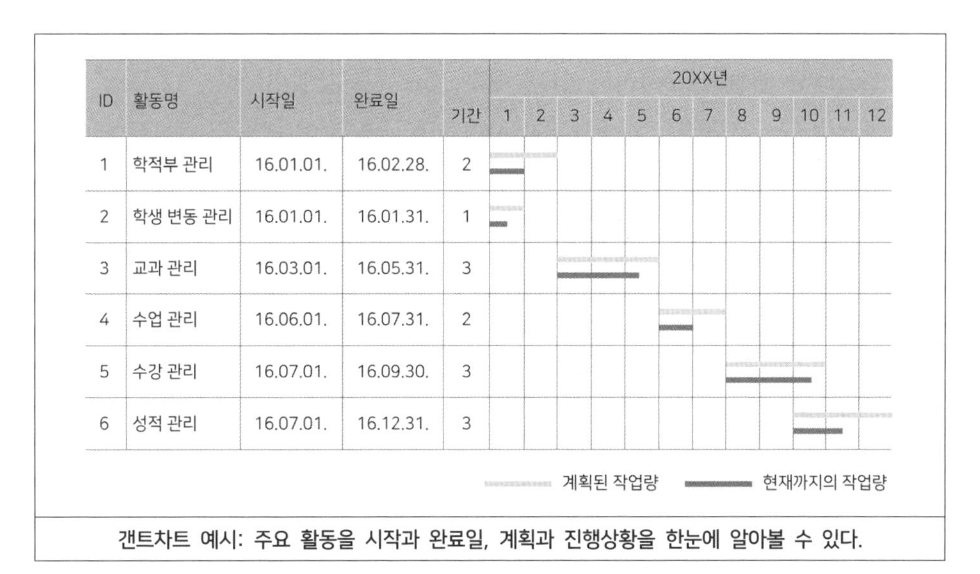

| ID | 활동명 | 시작일 | 완료일 | 기간 | 20XX년 | | | | | | | | | | | |
|---|---|---|---|---|---|---|---|---|---|---|---|---|---|---|---|---|
| | | | | | 1 | 2 | 3 | 4 | 5 | 6 | 7 | 8 | 9 | 10 | 11 | 12 |
| 1 | 학적부 관리 | 16.01.01. | 16.02.28. | 2 | | | | | | | | | | | | |
| 2 | 학생 변동 관리 | 16.01.01. | 16.01.31. | 1 | | | | | | | | | | | | |
| 3 | 교과 관리 | 16.03.01. | 16.05.31. | 3 | | | | | | | | | | | | |
| 4 | 수업 관리 | 16.06.01. | 16.07.31. | 2 | | | | | | | | | | | | |
| 5 | 수강 관리 | 16.07.01. | 16.09.30. | 3 | | | | | | | | | | | | |
| 6 | 성적 관리 | 16.07.01. | 16.12.31. | 3 | | | | | | | | | | | | |



갠트차트 예시: 주요 활동을 시작과 완료일, 계획과 진행상황을 한눈에 알아볼 수 있다.

## (8단계) 협력해야할 파트너 확인하기(Key Partners)

Key Partners

창업을 시작하는 창업자는 초기 자본금이 부족할 뿐만 아니라, 창업 아이템이 향후 시장에서 수익을 만들 가능성이 있는 지를 100% 확신할 수 없습니다. 따라서 무작정 창업자금을 투자하여 모든 것을 갖추고 사업을 개시할 수는 없습니다. 때문에 창업자는 사업초기에 사업의 본격적인 전개를 도와줄 여러 분야의 기업과 사람이 필요하게 됩니다. 예컨대 특정 지역에서 반려동물 용품점을 개업한다고 하더라도, 물품을 공급받을 공급처가 있어야 하며, 지역내 광고나 홍보에 도움을 줄 수 있는 모임이나 단체도 필요하고, 상가를 얻기 위해 도움도 받아야 하며, 지역내 소

상공인지원센터의 지원을 기대할 수도 있습니다. 이렇듯 창업자가 창업을 시작하는 단계에서 도움을 받거나 특히 상호 도움을 주고받을 수 상대를 전략적으로 선택하여 접촉하고 관계를 구축하는 일은 매우 중요한 부분입니다.

이 단계에서는 창업자의 창업활동과 창업 아이템을 통한 빠른 수익화를 위해 반드시 전략적으로 관계를 구축할 필요성이 있는 대상인 파트너를 점검해 보는 단계입니다. 이러한 사업 파트너를 명료히 하는 것은 불확실성을 줄여주고 사업의 빠른 진행을 도와주며, 창업자가 부족한 역량과 자원을 누구를 통해 보완해 나갈 것인지를 분명하게 해줍니다.

"창업 이후 사업을 성공적으로 달성하기 위해 반드시 협업을 해야 하는 곳이 있다면 어디이며 왜 그러한가요?"
"도움이 필요한 곳과의 관계는 현재는 어떤 상태이며, 누구를 통하여 관계를 구축할 것인가요?"
"당신의 사업을 도와주고 그들이 얻는 것은 무엇인가요?"
"파트너 쉽을 맺기 위하여 계약이나 협약은 필요한가요?"

일반적으로 파트너란 비경쟁관계에 있거나 상호 보완을 통하여 서로에게 이익의 관계를 구축할 수 있는 대상을 말합니다. 예컨대 공급물품을 조달하는 공급사, 제품을 제조해주는 OEM회사, 기술개발의 일부 솔루션을 제공해 주는 곳 등을 생각해 볼 수 있습니다. 특히 점포를 개업하는 형태의 창업의 경우에는 물품을 공급하고 유통하며 배송해주는 파트너는 매우 중요한 전략적 동반자라고 볼 수 있습니다.

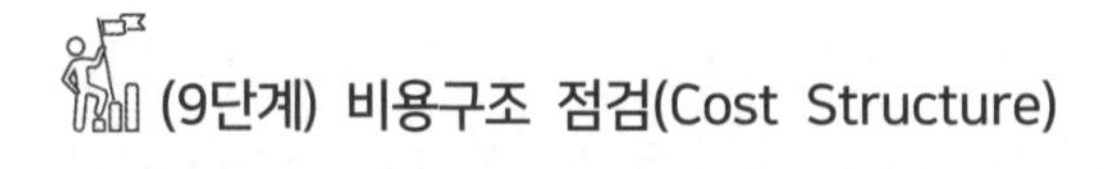

### (9단계) 비용구조 점검(Cost Structure)

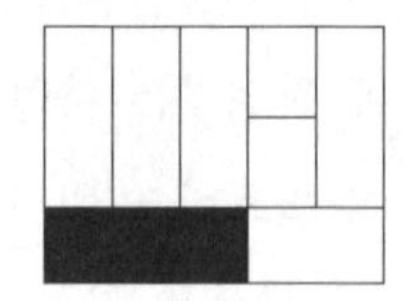

Cost Structure

이 단계에서는 창업자의 핵심활동과 외부 파트너 등을 구축하기 위해 소요되는 비용을 점검해 보는 단계입니다. 특히 창업자가 사업화 추진을 위하여 활동을 시작한다는 것은 곧 비용의 지출이 시작된다는 것을 의미합니다. 먼저 창업활동에 들어가는 비용을 열거한 이후, 비용의 비중이 가장 큰 것이 무엇인지를 따져 적어봅니다. 정확한 소요비용을 적기보다는 사업화를 위하여 주로 지출될 항목이 무엇이며 어떤 항목에서 가장 큰 돈이 필요하겠는가를 점검하는 방식으로 점검합니다. 창업활동을 위해 비용이 많이 드는 항목일수록, 세부적으로 비용의 내역과 절감요소가 없는지를 우선 검토해야 하며, 또는 직접 수행하는 것보다 외부를 통하여 위탁 수행하는 것이 더 유리한지를 확인해야 합니다. 뿐만 아니라 창업자가 보유한 핵심자원을 확보하거나 유지하는 데 드는 비용도 함께 점검해야 합니다. 예컨대 기술을 산업재산권의 형태로 가지고 있다면 매년 연차료를 납부해야하며, 특정 유능한 인력을 채용할 계획이라면 인건비가 고정비로 지출되어야 할 것입니다.

"핵심활동을 수행하는 데 드는 각 비용항목의 비중은 무엇인가요?"
"나의 비즈니스 모델에서 가장 많은 비용이 드는 항목은 무엇인가요?"
"어떤 핵심자원을 확보하는 데 가장 많은 비용이 드나요?"
"어떤 핵심 활동을 수행하는 데 가장 많은 비용이 드나요?"
"외부 파트너의 협업에는 드는 비용의 각 항목은 무엇인가요?"
"위 핵심활동+핵심파트너 각 항목 외에 추가적으로 드는 비용은 무엇인가요?"

더 나아가 비용의 구조를 고정비와 변동비로 나누어 생각해 볼 수도 있습니다. 고정비란 사업을 하기 위해 투입되는 비용 중 매출이 늘어나거나 줄어들거나 하는 것과 관계없이 늘 일정비용이 투입되어야 하는 비용을 말합니다. 예컨대 인건비나 전기세 등을 생각해 볼 수 있습니다. 반면 변동비는 매출이 늘어나면 비용도 늘어나지만, 매출이 줄어들면 비용도 줄어드는 비용을 말합니다. 예컨대 제품에 드는 원재료 비용이나, 상품의 도매구매비용, 배송비용 등을 생각해 볼 수 있습니다. 일반적으로 고정비를 최소화 할수록 창업자의 손익분기점 매출액이 개선될 수 있으

므로 고정비 절감방안을 함께 고민해 보아야 합니다.

## 7.4 반려동물 비즈니스 모델 작성 사례

위와 같은 비즈니스 모델의 작성 방법을 활용하여 반려동물 비즈니스 모델 작성 사례를 제시해 보겠습니다. 사업아이템은 반려동물 복합문화센터유치원+호텔+미용+펫푸드+동반카페+용품판매+픽업서비스입니다. 반려동물 복합문화센터로 구성된 비즈니스 모델은 아래와 같습니다.

<table>
<tr>
<td colspan="2" rowspan="2">핵심파트너:<br>기존 근무 동물병원과 함께 일했던 수의사 네트워크, 외부 위탁운영 숍앤숍, 엔젤 투자자, 대학 동문회 및 교수님</td>
<td colspan="2">핵심활동:<br>유치원, 호텔, 픽업의 직접 운영(야간운영), 미용 및 펫푸드 외부 위탁운영, 주력 용품의 선정 및 판매<br>(온라인 포함)</td>
<td colspan="2" rowspan="2">가치제안:<br>원스톱 서비스 (One-stop Service)로 고객의 편리성, 신뢰성 제공<br><br>세부 내용:<br>반려동물과 관련된 유치원+호텔+미용+펫푸드+동반카페+용품판매+픽업 등 다양한 서비스를 한 장소에서 제공</td>
<td colspan="2">고객관계:<br>멤버쉽 고객 대상 서비스 전품목 20% 할인, 정기 쿠폰북, 긴급 픽업 서비스, 성수기 우선예약 제공, 포인트 적립, 협약기업 할인</td>
<td colspan="2" rowspan="2">고객:<br>20~40대 반려동물을 키우는 활동적인 1인 가구와 자녀대신 반려동물을 키우는 딩크족<br>(운전 미숙자)<br><br>구매자와 사용자는 동일함</td>
</tr>
<tr>
<td colspan="2">핵심자원:<br>반려동물 보건, 미용, 훈련 자격증 보유, 동물병원 등 근무경력 10년, 근무 동물병원과 네트워크 형성</td>
<td colspan="2">채널:<br>SNS(인스타그램 해시태그 이벤트, 틱톡, 홍보만화 연재), 홍보 기념품 배포, 1+1 행사, 박람회 참가, 유기동물보호소에 제품기증</td>
</tr>
<tr>
<td colspan="5">비용:<br>인테리어비+인건비+임대료+판매관리비+공과금 등+펫푸드 원재료비+픽업차량 유지비+반려동물 용품+아웃소싱업체 손실보전금</td>
<td colspan="5">수익:<br>유치원+호텔+미용+펫푸드+동반카페+용품판매+픽업 등 직접 운영 및 숍앤숍 임대료 수익</td>
</tr>
</table>

우선 고객 대상에 대해 설명해 보겠습니다. 반려동물에게 다양한 복합 케어 서비스를 원스톱으로 원하는 고객은 반려동물을 혼자 키우다 보니 그로 인해 다양한 사회활동에 제약을 받고 운전을 하는 것을 좋아하지 않는 경우 반려견과 함께 이동할 수 있는 거리에 한계가 있습니다. 다음으로 이러한 고객을 대상으로 이들이 원하고 추구하는 가치에 대해 제안 해보도록 하겠습니다. 이러한 고객은 본인과 반려견이 함께 보낼 수 있는 시간 늘어나고 반려견이 힘들어 하지 않는 것이 중요하기 때문에 유치원+호텔+미용+펫푸드+동반카페+용품판매+픽업 등 다양한 서비스를 원스톱One-stop으로 제공하여 고객의 요구를 충족시키고 새로운 가치를 제시합니다. 고객은 서비스 예약 시간을 맞추거나 여러 곳을 방문하지 않아도 되며 반려견 또한 서비스를 받을 때마다 새로운 공간과 낯선 이들에게 노출되는 스트레스가 줄어들 것입니다. 이러한 서비스를 제공하는 창업기업을 홍보하기 위한 채널은 어떤 것이 좋을까요? 우선 가장 보편화된 SNS를 활용한 홍보를 실시해야 할 것입니다. 인스타그램, 페이스 북, 유튜브는 기본이며 20~40대 여성층이 많이 사용하는 틱톡 등을 활용하되 단순히 반려동물 사진과 동영상을 업로드 하는 것보다 해시태그# 이벤트, 홍보 만화 등의 다양한 스토리 기반의 홍보 전략을 구사해야 합니다. 오프라인 대면 홍보 채널도 중요합니다. 모바일과 컴퓨터 사용이 아직은 익숙하지 않은 분들을 중심으로 반려동물 박람회 참가, 유기동물보호소 봉사활동 참가 및 제품 기증, 홍보 기념품 배포, 제품 구매 시 1+1 행사 등의 이벤트를 통해 지역사회에 존재감을 알릴 필요가 있습니다. 다음은 지속 가능한 성장을 위해 고객관계를 어떻게 형성하여 고객의 방문을 유도할 것인지 생각해 봐야 합니다. 고객의 입장에서는 창업자의 기업 외에도 비슷한 서비스를 제공하는 대체 가능한 기업의 존재를 분명히 찾을 것이며 끊임없는 비교를 통해 만족감을 극대화 시키려 할 것입니다. 고객의 이탈을 막기 위해서는 락인lock-in 효과가 발휘 되어야 합니다. 이를 위해 유료 멤버십 또는 회원제 운영을 추천합니다. 일정 금액 이상의 유료 적립금을 내고 기업에서 제공하는 서비스에 대해 약 20% 정도의 일괄 할인을 제공하거나 판매

제품을 대상으로 정기 쿠폰북을 발행하고 일상적인 픽업 외에 야간, 심야 또는 응급 픽업 서비스를 제공하며 여름이나 황금연휴 휴가철 등 장기 호텔링 수욕 집중되는 시기에 우선 예약 서비스를 제공하며 이용실적에 따라 포인트를 적립하되 다양한 제휴 기업을 발굴하고 적립된 포인트의 사용처를 다각화 하여 고객이 한번 서비스를 이용하면 적립금을 지불하더라도 계속해서 할인된 가격에 서비스를 제공 받고 싶다는 생각이 들도록 해야 할 것입니다. 창업을 하는데 가장 중요한 요소인 수익은 어디서 얼마나 어떻게 발생하는 지에 대해서도 잊지 말아야 할 것인데요. 우선 직접 운영하는 유치원, 호텔, 동반 카페, 용품 판매 등 적자가 나지 않는 최소한의 1회 금액과 당일 제공 가능한 서비스의 최대량 등 수익구조를 파악하고 1달 단위로 금액과 제공 가능한 수량을 조율하는 작업을 시도하여 가장 최적화된 수익구조를 만들어야 할 것입니다. 또한 모든 사업을 직접 운영할 수는 없기 때문에 전문성이 부족한 분야는 과감히 숍앤숍 형태로 아웃 소싱하여 고정적인 임대료 수익을 받거나 가능하다면 매출의 일정 부분을 수입으로 받는 수수료 방식의 월세 방식을 통해 수익을 향상 시켜야 할 것입니다. 픽업 서비스 또한 유치원 등하교 외에 외부 호출도 대응하되 요일과 시간대에 따라 차등 요금제를 도입하여 같은 노력을 들이더라도 수익이 많이 발생하는 시간과 요일대에 픽업 서비스를 집중하여 수익 창출을 극대화할 필요가 있습니다. 이러한 수익을 발생시키기 위해서는 관련 분야의 핵심자원을 보유해야 합니다. 그중 인적 자원의 구성이 매우 중요한데요. 반려동물 보건, 미용, 훈련 자격증을 모두 보유한 다방면 인재의 확보가 중요합니다. 과거에는 이런 인력을 전문적으로 육성하는 대학이 없었지만 요즘은 경인여자대학교를 비롯한 반려동물보건학과에서 이런 다방면 인재를 육성하기 때문에 반려동물복합문화센터에서는 한쪽 분야에 전문성이 치우친 인력보다 오히려 더욱 도움이 됩니다. 또한 동물보건사 자격증 소지 여부가 매우 중요한데요 반려동물 관련학과를 졸업해 받을 수 있는 유일한 국가 자격증이며 자격증 취득 이후 동물병원에서 장기간 일하며 쌓은 노하우와 수의사들과의 인적 네트워크는 사업을 진행하고 확장하는데 매우 큰 도움이 되기 때문입니다. 이렇듯 핵심 인재를 확보하려는 것은 사업화의 중점 활동을 추진하기 위해서 가장 중요한 점이라는 걸 잊지 말아야 할 것입니다. 이를 위해서 우선 창업자 본인 능력의 객관화가 필요합니다. 창업자는 사업초기 전체적인 경영 외에도 본인만의 핵심 기술과 전문성이 있어야 합니다. 반려동물 유치원, 호텔, 미용, 펫푸드, 픽업 서비스, 반려동물 용품 마케팅 등 다양한 사업 활동 중에서 창업자 본인이 중점적으로 활동할 핵심 활동을 무엇으로 할 것이며 내가 하고 싶은 것과 잘하는 것을 정확히 구별해야 합니다. 많은 창업자들이 자신이 하고 싶은 것을 잘한다고 생각하여 섣불리 무모하게 도전했다가 실패하는 사례는 우리가 창업을 할 때 가장 주의하고 조심해야 할 부분입니다. 이렇게 다양한 사업적 핵심가치를 모두다 창업자 혼자 제공하는 것은 불가능한 일이며, 독자적으로 무리한 역할을 모두 수행하려고 욕심을 내다가 이도 저도 성과를 내지 못하는 상황이 되어서는 안 됩니다. 선택과 집중이 필요한 이유입니다. 즉 정말 잘하는 분야는 직접 운영하고 그 외 분야는 아웃소싱을 해야 합니다. 본인의 능력이 다양하다면 핵심자원과 활동을 할 수 있는 인력을 구하기 어려운 부분을 본인이 수행해야 합니다.

사람이 혼자 살아가는 게 당연히 불가능 하듯이 창업 또한 마찬가지입니다. 창업에 필요한 모든 핵심자원을 자신의 힘으로 준비하고 창업하는 사람은 현실적으로 거의 없습니다. 즉 본인의 사업의 핵심 가치를 공유하고 본인이 부족한 부분을 대신할 파트너가 필요합니다. 우선 기존 근무경험에서 파생되는 인적 네트워크입니다. 창업하기 전 관련분야에서 근무하며 경험을 쌓는 것은 실무적인 부분 외에도 인적 네트워크 형성에 매우 중요한 역할을 합니다. 특히 요즘 동물병원은 대형화 전문화 추세로 인해 미용, 용품판매 등 부가서비스를 점차 줄여나가는 추세입니다. 즉 단골 동물병원 고객은 병원 인근에 이러한 부가 서비스를 원스톱으로 제공하는 기업의 존재를 원하는 경우가 많습니다. 이런 경우 동물병원과 협약이 되어 있어 이런 고객을 대상으로 서비스를 연계 받을 수 있다면 이보다 더 좋은 영업 수단이 없을 것입니다. 또한 모든 창업공간과 자금을 본인의 힘으로 채울 수는 없기에 앞에서 언급했던 바와 같이 일부 서비스 영역을 아웃소싱 해야 하며 이때 숍앤숍을 위탁운영해줄 파트너의 존재 또한 매우 중요합니다. 직접적인 자금을 투자해 줄 수 있는 엔젤투자자가 만약 존재한다면 매우 든든할 것입니다. 혹시 자금을 직접 투자 받기 어렵다면 현물사업장, 핵심 장비, 인력을 투자 받을 수 있을지도 검토해 봐야 합니다. 자금을 투자 받는 것만이 투자 방식의 모든 것이 아니라는 점도 생각해봐 주시기 바랍니다. 마지막으로 출신 대학의 관련분야 종사자로 구성된 동문회와 교수님과의 네트워킹을 통해 사업운영에 필수적인 원재료 공동 구매 등 고정적으로 지출되는 사료와 같은 필수용품 구매 비용을 절감하고 기업 내 핵심 인력이 독립 등으로 이탈할 것을 대비해 대학에 우수한 인적 자원을 추천받아 사업의 핵심 가치가 지속적으로 제공될 수 있도록 해야 합니다.

이러한 구체적인 창업계획을 실행하는 과정에는 다양한 비용이 사용될 수 밖에 없습니다. 반려동물 산업의 구조적 특성상 20~40 여성이 소비 주도층이며 이들의 성향과 취향에 맞는 인테리어와 서비스의 종류의 다양화 및 고급화를 위한 비용이 필요할 것입니다. 고급화 전략도 좋지만 창업자가 가용할 수 있는 금전 범위 내에서 현금흐름을 주기적으로 확인하는 것은 정말 중요합니다. 인테리어는 감각상각이 비율이 매우 크다는 점을 잊지 말아야 할 것입니다.

다음은 고정적으로 지출되는 각종 고정비용을 어떻게 효율적으로 관리해야 하는 가입니다. 우선 고정비의 가장 많은 비중을 차지하는 인건비입니다. 인건비를 절감하기 위해 어떠한 노력을 해야 할지 고민해야 합니다. 창업초기는 인건비가 차지하는 비중이 매우 클 수밖에 없기 때문에 창업자는 전체적인 영업관리 외에도 실무적인 분야에서도 일반 직원만큼의 전문성을 보유하여야 합니다. 전문성을 보유하면 관련 분야 종사 직원의 관리가 한결 여유롭습니다. 또한 직원의 갑작스러운 사직 등으로 생기는 서비스의 공백도 본인이 직접 대응이 가능하고 충분한 검증 없이 전문성이나 인성이 부족한 직원을 급하게 뽑게 되어 서비스의 품질이 급격히 하락하거나 직원을 해고해야 하는 상황을 예방할 수 있습니다. 다음으로 임대료입니다.

임대료는 처음 임대 시 신중하게 활용공간의 효용도와 임대 기간을 고려하여 고객의 접근성과 경쟁 업체와의 거리 등을 고려하였을 때 적절한 비용인지를 심사숙고하여 계약하고 금액을 지불해야 할 것입니다. 다음은 공과금입니다. 공과금은 전기세, 수도료, 세금 등 필수 부대비용은 절감에 한계가 있지만 홍보·마케팅 비용, 픽업차량 유지비, 반려동물 용품 재고 비용은 매출에 영향을 주는 여러 가지 요인을 분석하여 성수기와 비수기를 확인하고 적정 재고량과 서비스 투입량을 시기적절하게 관리하여 투입비용의 낭비를 최소화해야 합니다. 마지막으로 사업초기 핵심 파트너를 모두 섭외했다면 문제가 없지만 창업자가 직접 수행할 수 없는 핵심 분야의 아웃소싱 업체가 수익성에 의문을 품고 숍앤숍 합류를 고민할 경우 수익발생이 예측되는 특정 시점까지 손실보전금을 지급하고 원스톱 서비스를 제공하기 위한 서비스 시스템을 구축해 보는 것도 고려해봐야 할 요소입니다.

실전! 반려동물 창업실무

# 반려동물 창업 사업계획서 작성

8.1 PSST 방식의 표준사업계획서
8.2 비즈니스 모델 캔버스를 활용한 사업계획서 작성
8.3 점포형 창업 사업계획서에서 점검해야 할 기타 사항

*Companion Animals*

# 반려동물 창업 사업계획서 작성

## 8.1 PSST 방식의 표준사업계획서

비즈니스 모델 구축과정을 통하여 창업자가 추진할 비즈니스 구조가 확정되고 나면 이제 구체적인 사업계획서를 작성해 봅니다. 먼저 사업계획서라는 것이 무엇인지를 이해할 필요가 있습니다. 사업계획서는 회사소개서 또는 제품 소개서, 연구개발 계획서 등과는 개념적으로 차이가 있습니다. 회사 소개서는 창업자의 기업인 회사에 대하여 사실에 기반한 정보를 제공할 목적으로 작성되는 것입니다. 예컨대, 회사의 소재지가 어디 있으며 어떤 품목을 취급하는지, 회사의 사장은 누구이며 연락처와 찾아오는 길은 어디인지 등을 담고 있는 일종의 회사에 대한 정보 제공에 충실한 것입니다. 제품 소개서의 경우도 회사에서 또는 점포에서 판매하는 상품, 제품, 서비스들이 무엇인지 그리고 그러한 제품과 서비스의 자세한 사양과 제공되는 내용을 판매를 목적으로 고객의 이해를 돕기 위해 만들어진 설명서를 말합니다. 연구개발 계획서는 사업화를 추진하기 위해 필요한 요소기술을 어떻게 개발할 것인가에 초점이 맞추어져 있습니다. 사업계획서는 이러한 회사 소개서나 제품 소개서 등과는 다른 개념적 차이를 가지고 있습니다.

사업계획서의 가장 큰 특징은 아직 발생하지 않은 미래에 대한 계획을 이야기하는 것이라는 점입니다. 때문에 사실에 기반한 정확한 정보를 제공하는 것이 아니라, 창업자가 분석한 창업 아이템으로 시장에서 어느 정도 목표 고객을 확보하여 판매할 수 있을 것인지에 대한 일종의 미래의 비즈니스에 대한 예상과 추정을 설득력 있게 주장하는 내용으로 작성되는 것입니다. 그러므로 사업계획서는 사실 여부를 따지는 것이 아니라 창업자가 추정하고 있는 계획이 얼마나 그럴 듯하게 설득력을 가지느냐 즉 사업적 개연성이 어떠하냐를 평가합니다. 이렇게 미래의 사업계획에 대한 설득력 있는 추정을 통하여 사업적 이익이 지속적으로 발생하여 성장할 수 있다는 주장하려면 논리적이고 객관적인 개연성이 있어야 합니다. 창업자가 아닌 제3자특히 투자자가 보기에 사업계획에 담고 있는 사업화의 내용이 설득력이 있는 내용으로 구성되어야 한다는 말입니다. 따라서 사업계획서는 사업타당성을 통하여 사업화의 성공가능성을 검증하게 됩니다. 그런데, 창업자의 주장이 얼마나 타당한가를 판단하는 것은 사실 쉽지 않습니다. 그리고 창업자가 타당성 있게 사업계획서를 작성하는 것 또한 쉬운 일이 아닙니다. 기술창업을 주로 지원하는 중소벤처기업부 산하 창업진흥원과 같은 창업지원기관에서는 이러한 어려움을 도와주고자 2018년부터 "표준사업계획서"라는 양식을 만들어 활용하고 있습니다. 2022년에는 이러한 표준사업계획서를 보다 세부적으로 구체화하여 일부 부분 변경된 틀을 활용하고 있는데, 기본적인 창업사업계획서의 구조의 큰 틀은 PSST 전개방식을 따르고 있습니다. 그렇다면 PSST 전개방식이란 무엇일까요?

PSST는 창업자의 사업 성공 가능성을 주장하는 논리가 문제Problem의 발견 → 실현가능성이나 해결방안Solution → 지속가능한 성장전략Scale up → 내부인력의 역량Team을 큰 틀로 하여 논리적인 설득력이 있도록 사업을 계획을 작성하도록 만든 것을 말합니다. 즉 창업기업들이 지속적으로 성장할 수 있는 아이템을 사업화하기 위하여 창업자가 고객으로부터 문제를 발견하고 문제를 해결하기 위해 아이템 개발/개선을 위해서 무엇이 필요한지를 구체적으로 정합성 있게 인지하고 있으며, 이렇게 제시된 해결방안이 향후 지속적으로 시장으로부터 수요를 창출시켜 성장 가능한가에 대해 각 항목별로 면밀히 조사, 분석, 검토가 되어 사업화 추진의 형태로 계획이 구체화 되었는가를 확인하는 방식을 PSST 전개방식이라고 볼 수 있는데, 이러한 논리적 전개방식은 창업자가 비즈니스 모델을 구체화할 때 아주 유용한 도구로 활용되고 있으며, 창업자의 사업계획의 타당성을 평가하기 위해 정부의 각종 창업지원 사업에서 심사나 평가의 수단으로 널리 활용되고 있습니다.

그러면 2022년에 K－Startupwww.k－startup.go.kr을 통해 공고된 PSST 표준사업계획서 양식을 기준으로 이러한 PSST사업계획서에서는 무엇을 어떻게 작성해야 하는지를 생각해 보도록 하겠습니다.

[P: Problem: 문제의 인식]

| 1. 문제인식 (Problem) | **1-1. 창업 아이템의 개발 동기/개발 추진경과(이력)**<br>- 제품·서비스를 개발하게 된 내·외적 동기 등<br>- 제품·서비스의 개발을 위해 사업 신청 전 기획, 추진한 경과(이력) 등<br>* 소셜벤처 분야: 소셜벤처로서 인식하고 있는 사회적 문제 기재 |
|---|---|
| | **1-2. 창업 아이템의 개발 목적**<br>- 제품·서비스 개발 동기에서 발견한 문제점에 대한 해결 방안, 목적 등<br>* 소셜벤처 분야: 사회적 문제에 대한 해결방안, 사회적 성과 등을 기재 |
| | **1-3. 창업 아이템의 목표시장 분석**<br>- 진출하려는 목표시장의 규모·상황 및 특성, 경쟁 강도, 고객 특성 등 |

PSST 표준사업계획서의 문제 인식 부분 작성 항목(2022년 표준창업사업계획서)

문제의 인식 작성 부분에서 가장 중요한 것은 창업자의 창업 아이템이 고객의 문제를 발견하고 그것을 해결하려는 관점에서 시작되었는가를 점검하는 것이라고 볼 수 있습니다. 많은 창업자들이 발명자와 같이 새로운 아이디어 개발하고 만든 것 자체를 가지고 창업에 성공할 수 있으리라 믿는 경우가 많은데, 그것은 아이디어나 발명으로써 가치가 있을 수는 있으나, 사업화 측면에서 가치가 있는 것인지는

또 다른 차원에서 점검되어야 합니다. 때문에 표준사업계획서에서는 고객의 니즈에 기반한 사업 아이템을 검증하기 위해 이러한 점을 창업자 스스로가 명확히 할 수 있도록 유도하고 있습니다.

1-1. 창업 아이템의 개발동기/개발 추진 경과 항목에서는 창업자가 아이템을 고려하게 된 국내외 문제점 및 기회 등(사업의 기회를 포착하기 위해서 고객들의 문제점불편한 점과 바라는 점을 분석하고 창업자팀원의 경험을 기반으로 아이템을 고려하게 된 동기를 작성합니다. 이때, 창업의 동기는 다시 외적 동기와 내적 동기로 나누어 생각해 보게 됩니다. 외적 동기의 경우에는 창업자가 사업화 아이템을 고려하게 된 이유를 국내외 트렌드 변화와 법적 규제 등 다양한 외부 환경의 변화의 관점에서 어떻게 사업기회를 포착할 수 있는지를 작성해야 합니다. 내적 동기는 아이템을 고려하게 된 창업자팀의 경험이나 기회를 포착한 내용을 작성하고, 창업자팀원의 제품서비스에 대한 비전 등을 작성합니다. 그렇다면 반려동물 창업에서는 이러한 부분을 어떻게 전개시켜 나갈 수 있을까요? 앞서 이야기한 멍멍군의 창업의 아이템을 예시해 보면, 멍멍군의 창업 아이템의 개발동기는 다음과 같이 요약될 수 있습니다.

- 고객들이 문제: 문제행동 반려동물에 대한 미용 관리가 힘들다. 반려동물 품종별 최적의 맞춤 용품과 사료 등에 대한 구매가 쉽지 않다.
- 창업의 내적 동기: 반려동물 행동교정 관련 자격증을 보유하고 있다. 반려동물에 대한 관심이 많다.
- 창업의 외적 동기: 최근 반려동물의 개체 수가 지속적으로 증가하고 있으며 관련 산업시장이 지속적으로 성장하고 있다.

이렇게 핵심내용을 요약하고 이러한 주장을 뒷받침할 수 있는 통계적 수치나 인포그래픽, 관련 자료나 현황을 찾아 객관적 근거로 제시한다면 창업자의 주장은 더욱 설득력을 갖게 됩니다.

1-2. 창업 아이템의 개발목적 항목에서는 위에서 정의된 고객 문제를 창업자의 역량을 기반으로 어떻게 해결하고자 하는 지와, 고객들에게 제공할 혜택 즉 비즈니스 가치가 무엇인지를 작성하는 것을 의미입니다. 이때, 정의된 문제란 창업자가 인지한 고객의 문제불편한 점과 바라는 점을 의미하며 해결방안이란 창업자가 보유한 역량보유역량은 특허 무형 자산에 대한 재산권뿐만 아니라 등 거래처, 고객명단 등 사업을 위한 필요한 디자인적 요소, 콘텐츠 등 모든 것을 포괄함을 기반으로 어떻게 고객문제를 해결하겠는지 구체적 솔루션을 작성합니다. 반려동물 창업에서 멍멍군의 사례로 작성해보면 다음과 같이 정리할 수 있습니다.

- 정의된 문제: 문제행동 반려견의 미용 관리에 어려움을 겪고 있다.
- 해결방안: 반려동물 행동교정 능력을 활용하여 반려동물에 대한 주기적 관리를 해주며, 이러한 고객 정보를 바탕으로 맞춤형 수제 간식, 사료 등 맞춤형 정보를 제공한다.
- 고객에게 제공할 혜택: 문제행동견 픽업 및 이미용 서비스, 반려동물 품종과 행동 특성에 따른 수제 맞춤형 간식 제공, 사료 추전, 정보 구독 서비스 제공

1-3. 창업 아이템 목표시장 분석 항목에서는 창업자가 생각하고 있는 목표시장의 규모, 현황, 특성, 경쟁 강도 등을 분석한 내용을 기재합니다. 반려동물 창업을 준비하는 멍멍군의 사례에서는 1차 년도 목표고객이 누구인지를 특정하고예컨대 경기도 용인시 처인구 지역의 반려동물 보호자 해당 지역내 반려동물 이미용 업체 수와 특징, 잠재적 경쟁업체라고 여겨지는 점포의 사례를 들어 장점과 단점에 대한 분석결과를 통하여 누가 창업자의 사업화 아이템을 적극적으로 소비할 수 있는 대상인지를 구체화하여 기재합니다.

[Solution: 실현 가능성/고객문제 해결방안]

<table>
<tr><td rowspan="2">2. 실현가능성<br>(Solution)</td><td>2-1. 창업 아이템의 개발 방안/진행(준비) 정도<br>- 협약기간 내 개발할 제품·서비스의 최종 산출물 정의<br>- 제품·서비스의 개발 방법, 사업 신청 시점의 개발 단계, 진행(준비)정도 등<br>- 제품·서비스 개발 후, 기술 유출 방지를 위한 기술 보호 계획 등</td></tr>
<tr><td>2-2. 창업 아이템의 차별화 방안<br>- 보유역량 기반, 경쟁제품·서비스 대비 경쟁력을 확보하기 위한 방안 등</td></tr>
<tr><td colspan="2">PSST 표준사업계획서의 실현 가능성 부분 작성 항목(2022년 표준창업사업계획서)</td></tr>
</table>

실현 가능성 작성 부분에서 가장 중요한 것은 창업자의 창업 아이템을 사업화하기 위한 구체적 실행방안을 확보하고 있느냐와 그러한 방안이 경쟁자보다 경쟁우위에 있을 수 있는가를 분석한 결과를 작성하는 단계입니다.

2-1. 창업 아이템의 개발 방안/진행준비정도 에서는 창업 아이템에 대한 판매준비가 끝났을 시점에서 창업자가 제공하고자 하는 최종적인 산출물의 형태가 무엇인지를 정의합니다. 이러한 정의는 사업 추진하고 준비하는 과정에서 단계별 이행사항과 일정을 보다 명확히 할 수 있고 소요되는 비용을 추정할 수 있는 장점이 있습니다. 최종적인 산출물은 특정 제품이나 또는 취급하는 상품의 판매매출목표량 뿐만 아니라 새롭게 개발되어 제공하고자 하는 무형의 서비스까지를 모두 의미합니다. 사업화 추진을 위한 진행 정도는 현재상태에서 구체적으로 어느 단계까지 준비가 되어 있으며, 앞으로 무엇을 더 보완해야 하는 지를 명확히 하는데 의미가 있습니다. 참고로 예시한 2022년 표준사업계획서 양식에서는 정부의 창업지원금을 신청한다는 전제로 협약 기간 중 무엇을 할 것인가에 대해 작성하도록 틀이 만들어져 있습니다. 기술창업의 경우에는 기술에 대한 권리성 확보가 중요하기 때문에 특허와 같은 산업재산권의 확보나 기술임치와 같은 기술유출 방지와 보호를 위한 방안도 추가하여 작성할 수 있습니다. 그렇다면 반려동물 창업에서는 이러한 부분을 어떻게 작성해야 하는지, 멍멍군의 창업의 아이템을 예시해보도록 하겠습니다.

- 최종 산출물: 문제행동견 맞춤미용 서비스 상품 1건, 반려동물 맞춤형 수제간식 3건, 품종별 관리서비스 구독서비스 회원 200명, 월 평균 매출 12,000만 원 달성
- 준비 정도: 용인시 처인구 지역의 입점 매장 2곳 검토 완료, 임대보증금 및 창업준비자금 5,000만 원 확보, 반려동물 행동교정 관련자격증 2건 취득, 문제행동견 이미용 맞춤 장치 개발 중67%, 품종별 구독 콘텐츠 개발50%

2-2. 창업 아이템의 차별화 방안에서 작성해야 하는 것은 경쟁자와의 차별화 요인 즉 진입하고자 하는 시장에 이미 존재하고 있는 경쟁자의 제품과 서비스를 분석한 결과를 통하여 창업자 아이템이 가지고 있는 스펙, 핵심기능, 성능, 고객 제공 혜택 등이 왜 경쟁우위에 있는지를 작성하게 됩니다. 멍멍군의 경우, 창업 아이템이 유사 경쟁점포와 비교할 때 무엇이 경쟁우위에 있는지를 요약하여 작성할 수 있습니다. 흔히, 이러한 차별화 방안은 경쟁사와의 비교표를 통하여 제시하게 되면 보다 명료히 차별화 포인트와 경쟁우위를 설명할 수 있습니다. 멍멍군이 비즈니스 모델을 구축하면서 작성한 경쟁 우위표를 사업계획서에 그대로 활용할 수 있습니다.

| 속성 | | 멍멍군 점포 | 직접경쟁<br>왈왈군 점포 A | 대형 E마트<br>매장내 B 코너 |
|---|---|---|---|---|
| 유형 | | 자사 | 직접 경쟁사 | 대체 경쟁사 |
| 기능<br>수준 | 반려견 미용 | 미용, 관리 | 미용, 관리 | 미제공 |
| | 반려견 용품/사료 | 사료 6종, 용품 15종 | 사료 6종, 용품 15종 | 20여종/대용량 |
| 성능<br>수준 | 미용 서비스 능력(최대) | 1일 4마리 | 1일 12마리 | 미제공 |
| | 맞춤형 수제 사료/간식 | 수제사료<br>맞춤형 간식 | 미제공 | 미제공 |
| 부가<br>서비스 | 문제행동견 미용서비스 | 전문서비스<br>행동교육서비스 | 부분제공 | 미제공 |
| | 품종별 정보제공(구독)<br>전용 회원 관리 앱 | 품종별관리<br>구독 서비스 | 수기<br>회원관리 서비스 | 미제공 |
| 가격(단가)<br>1Kg B사 표준 사료 기준 | | 30,000원 | 30,000원 | 21,000원 |

[Scale-up: 성장전략/사업화 추진 일정과 방안]

| | |
|---|---|
| 3. 성장전략 (Scale-up) | **3-1. 창업 아이템의 사업화 방안**<br>- 제품·서비스의 수익화를 위한 수익 모델(비즈니스 모델) 등<br>- 목표시장에 진출하기 위한 구체적인 생산·출시, 홍보·마케팅, 유통·판매 방안 등 |
| | **3-2. 사업 추진 일정**<br>- 전체 사업 단계에서의 목표 및 목표를 달성하기 위한 상세 추진 일정 등<br>- 협약기간 내 달성 가능한 목표 및 목표를 달성하기 위한 상세 추진 일정 등 |
| | **3-3. 자금소요 및 조달계획**<br>- 사업 추진에 필요한 사업비(정부지원금) 사용계획 및 구체적인 조달계획 등<br>- 사업비(정부지원금) 외 본인 부담금, 추가 자본금에 대한 구체적인 조달계획 등 |

PSST 표준사업계획서의 성장전략, 사업화 일정 작성 항목(2022년 표준창업사업계획서)

성장전략이란 예비 창업의 단계에서는 법률적으로 사업자등록을 하여 고객에게 창업 아이템을 판매할 수 있는 일정과 추진전략을 의미할 수도 있으며, 3년차 내외의 기업에게는 법인화 이후 투자금을 유치하여 어떻게 제품을 양산하여 시장을 확대하여 성장해 나가겠는 지, 혹은 5년 이상의 기업의 경우에는 향후 기업의 출구Exit 전략을 어떤 일정으로 추진하겠는가 등을 기업의 성장 단계에 따라 다양한 계획의 형태로 작성할 수 있습니다.

기본적으로 창업 아이템을 사업화하기 위한 방안과 전체 사업단계에서 추진하고자 하는 목표 및 종합적인 추진 일정과 사업적 목표 및 달성 방안 등을 작성하고 이에 대한 소요 자금 계획과 조달계획을 작성하는 구조입니다.

3−1. 창업 아이템의 사업화 방안에서는 창업자의 비즈니스 모델을 제시하고 앞으로 진출하고자 하는 목표시장의 진입시기, 홍보, 유통전략 등을 제시합니다. 앞서 언급한 비즈니스 모델 9블럭 캔버스를 활용하여 수익구조가 무엇인지와 비용구조를 설명할 수 있습니다. 착안점은 창업자가 목표시장을 어떻게 세분화 하였으며, 1차년도에 진출 예정인 목표 시장, 진출 시기, 홍보·유통 등의 판매방식 등은 어떻게 설계하였는지를 작성하는 것입니다. 해당 항목을 작성할 때에는 STPSegmentation

고객세분화 → Targeting 타겟팅 → Positioning 포지셔닝의 개념을 적용하여 각 항목을 설명하고, 최종적으로 이렇게 세분화된 1차 년도 목표고객을 대상으로 어떻게 목표 매출을 달성하겠는지 4Pmix Product 제품/품질수준 → Placement 유통 →Promotion 홍보전략 → Price 가격전략에 대한 창업자의 전략을 작성하게 됩니다.

3-2. 사업화 추진 일정 항목에서는 창업 아이템의 사업화 목적을 달성하기 위해서 진행하게 되는 전체 로드맵을 작성하고 사업을 시작하는 당해 연도에 무엇을 추진할지 구체적인 시간적 일정을 계획해 보는 단계입니다. 이때 말하는 전체 일정이란 특정한 기간이 정해진 것이 아니라, 사업을 추진하여 창업 초기 투자금을 회수할 수 있는 합리적인 기간을 의미하는 것으로 볼 수 있으며, 대개 5년 이내에서 초기 투자금을 회수 할 수 있는 구조로 일정을 작성해 봅니다. 사업의 추진항목이란 첫째, 제품이나 서비스의 독자적인 노하우나 핵심 기술이 무엇이며 어떻게 개발할 것인지, 둘째 제품 및 서비스를 목표 시장에 홍보하고 판매하기 위하여 어떠한 전략을 전개해 나갈 것인지 셋째, 사업을 보다 확장하여 새로운 아이템을 추가하거나 고객을 확대하는 방안을 착안점으로 작성해 봅니다.

사업을 추진하는 기간적 일정을 가장 효과적으로 표현하는 방법은 갠트 차트를 활용하는 방법이 유용합니다. 특히 이러한 일정을 점검할 때는 인허가가 필요한 제품의 경우, 소요되는 시기와 기간을 인허가 시점에서 역산하여 고려해야 합니다. 사업화 추진 일정을 작성할 때는 전체적인 일정과 사업개시 1차 년도에 추진해야 할 일을 구분하여 작성하는 것이 효과적입니다. 참고로 표준사업계획서의 예시에서는 정부 창업지원 대상으로 선정될 경우, 협약 기간 내에 무엇을 추진할 것인지를 명시적으로 작성하도록 틀이 제시되어 있습니다. 이러한 표준사업계획서의 각 추진 내용과 항목은 창업자가 계획하는 창업 아이템의 성격과 업종에 따라 작성하는 항목이 달라집니다. 제품을 제조하고 개발하는 경우에는 시제품의 개발에 대한 내용이 작성되어야 하며, 플랫폼 비즈니스와 같이 서비스를 개발하는 경우에는 앱의 개발의 시기와 출시 시점, 홍보 방안들이 제시되어야 합니다.

| 순번 | 추진 내용 | 추진 기간 | 세부 내용 |
| --- | --- | --- | --- |
| *1* | *시제품 설계* | *00년 상반기* | *시제품 설계 및 프로토타입 제작* |
| *2* | *시제품 제작* | *00.00 ~ 00.00* | *외주 용역을 통한 시제품 제작* |
| *3* | *정식 출시* | *00년 하반기* | *신제품 출시* |
| *4* | *신제품 홍보 프로모션 진행* | *00.00 ~ 00.00* | *00, 00 프로모션 진행* |
| … | | | |

전체 사업추진 일정 작성의 예시

| 순번 | 추진 내용 | 추진 기간 | 세부 내용 |
| --- | --- | --- | --- |
| *1* | *필수 개발 인력 채용* | *00.00 ~ 00.00* | *OO 전공 경력 직원 00명 채용* |
| *2* | *제품 패키지 디자인* | *00.00 ~ 00.00* | *제품 패키지 디자인 용역 진행* |
| *3* | *홍보용 웹사이트 제작* | *00.00 ~ 00.00* | *웹사이트 자체 제작* |
| *4* | *시제품 완성* | *협약기간 말* | *협약기간 내 시제품 제작 완료* |
| … | | | |

1차년도 사업추진 일정의 예시

멍멍군의 예시에서는 멍멍군은 반려동물 점포형 창업을 계획하고 있으므로, 입지상권에 대한 분석과 입지/자금 검토, 인테리어 공사와 개업준비 등 다양한 요소들이 작성될 수 있습니다.

3-3. 자금 소요 및 조달계획 작성 항목은 창업사업계획서에서 실현 가능성을 뒷받침 하는 매우 중요한 부문을 작성하는 단계입니다. 자금의 소요란 창업에 필요로 하는 비용을 추계추정하여 계산하는 것는 과정을 말하는 것으로 이러한 추정 어긋나게 되면 창업을 추진하는 단계에서 많은 어려움을 겪게 되므로 많은 고민이 필요합니다. 창업자금에 대한 검토의 단계에서는 먼저 창업에 필요한 제반 비용을 계산해 보아야 합니다. 이때, 세 가지 정도의 카테고리로 필요한 비용항목을 범주화 하여 계산해 보는 것이 효율적입니다. 먼저 초기 투자금입니다. 점포형 창업을 준비한다면 점포를 임대하기 위해서는 임대보증금이 필요하게 될 것이고, 법인형 창업을 한다면 초기 자본금이 필요하게 됩니다. 이러한 비용을 초기 투자금이라 할 수 있습니다. 그리고 또 고려해야 하는 비용 범주에는 시설자금을 생각해 볼 수 있습니다. 시설자금은 창업에 필요한 장비나 비품 등 유형 자산을 구입하는 데 드는 비용을 말하는 것입니다. 이러한 유형자산은 한번 쓰고 버리는 소모성 자산이 아니라 일정

기간 동안 계속 활용하게 되며, 또한 사용하는 동안 유지관리비가 필요하고 점차 마모닳아 없어지는 것되는 특징을 가지고 있습니다. 따라서 시설자금은 감가상각비를 또한 고려해야 합니다. 마지막으로 운전자금에 소요되는 비용 항목을 생각해 볼 수 있습니다. 운전자금이란 제품이나 서비스를 소비자에게 판매하기 위해 직접적으로 필요한 판매관리비 성격의 자금으로 인건비, 재료비, 또는 도매 상품 구입비, 전기세 등을 예시할 수 있습니다. 운전자금을 생각할 때는 특히 창업초기 경우에는 고정비인 인건비가 차지하는 비중 크다고 볼 수 있습니다. 따라서 필요자금을 생각할 때에는 조직 및 인력 구성을 먼저 생각한 다음 비용을 고려합니다.

필요한 비용항목을 추정해 본 다음에는 이러한 소요 비용을 어떻게 확보할 것인가를 검토합니다. 이러한 과정이 창업자금 조달방법을 검토하는 단계입니다. 사업화에 필요한 자금은 창업자 자신이 개인적으로 준비하여 투자하게 되는 자금 외, 타인을 통하여 사업 자금을 빌려서 조달하는 차용이나, 투자의 방법, 은행과 같은 금융기관에서 대출을 받는 방법, 그리고 정부의 지원정책을 활용하는 정책자금을 활용하는 방법을 모두 고려해 보고 현실적인 확보 가능성을 검토해야 합니다. 보다 구체적으로 살펴보면, 개인적인 창업준비자금은 주로 창업 초기 운전자금을 충당되어야 하므로 어느 정도 여유자금을 고려해야 하고, 창업 준비 기간 동안은 창업자 본인은 수익이 없는 상태에서 창업을 추진해야 한다는 점도 역시 고려해야 합니다. 타인으로부터 창업자금을 확보하려 할 때는 돈을 차용하느냐 혹은 투자금으로 받느냐를 구분하여 생각해야 합니다. 차용의 경우에는 빌린 돈의 이자와 상환 시기를 점검해야 합니다. 만약 창업 초기 자금 확보를 투자자로부터 투자를 받는 형태로 진행하고자 한다면 투자의 조건과 창업자의 보유지분의 적정성도 함께 검토해야 할 것입니다. 금융권으로부터 대출받아 초기 창업 자금을 확보 하고자 한다면, 창업자는 자신의 신용상태로 가능한 대출금액이 얼마인지를 은행을 방문하여 먼저 확인해 보아야 합니다. 정부 정책자금을 활용하고자 한다면, 정부 지원 사업의 공모시기와 선정기준을 조사해야 합니다. 주의해야 할 점은 국민의 세금을 재원으로

운영되는 정부의 정책자금은 무조건 적으로 지원을 해주는 것이 아니라, 창업자가 제출한 사업계획서를 심사하고 평가하는 단계를 거처 비즈니스 모델에 대한 평가 결과 사업화의 적정성이 즉 사업타당성을 갖춘 경우에 한하여 정책자금의 수혜를 받을 수 있다는 점에 유의하여야 합니다. 위에서 언급한 내용들을 참고하여 다음의 양식을 활용하여 창업의 추진에 따른 자금조달 계획을 수립해 봅니다.

| 조직 및 인력 구성 | | | | |
|---|---|---|---|---|
| 소요자금 및 조달계획 | | | | |
| 소요자금 | | 조달계획 | | |
| 용도 | 내용 | 금액 | 조달방법 | 조달액 |
| 초기투자금 | | | 자기자금 | |
| 시설자금 | | | 금융차입 | |
| | | | 정책자금 | |
| | 소계 | | 기타 | |
| 운전자금 | | | | |
| | | | | |
| | 소계 | | 소계 | |
| 합계 | | | 합계 | |
| 소요자금 산출근거 | | | | |
| 조달계획 산출근거 | | | | |

이러한 자금조달계획은 소요 자금의 합계와 조달계획의 합계가 반드시 일치해야 합니다. 참고로 표준사업계획서에서는 정부의 창업지원금을 받기 위해 신청하는 양식으로 구성되어 있습니다. 창업자가 신청하는 정책지원금의 규모를 결정하고 그러한 정책지원금을 받게 된다면 창업 추진의 어느 단계에서 무엇을 위해 집행할 것인가를 구체적인 비목 단위로 작성해야 합니다. 만약 정책지원금이 융자금이 아니라 지원금의 형태일 때는 신규로 채용되는 직원에 대한 인건비는 정책자금으로

집행할 수 있지만, 창업자 스스로에 대한 인건비는 정책자금으로 집행될 수 없다는 점도 주의해야 합니다.

[Team: 대표자의 역량/구성원의 역량점검]

| | |
|---|---|
| 4. 팀 구성<br>(Team) | **4-1. 대표자 현황 및 보유역량**<br>- 대표자가 보유하고 있는 창업 아이템 구현 및 판매 관련 역량 등<br>* 소셜벤처 분야: 사회적 가치창출 역량 기재(사회적 가치창출 관련 조직에 근무한 경력, 사회적 가치 창출 관련 교육 이수내역, 소셜벤처 관련 공모전 등 관련 활동 등) |
| | **4-2. 팀 현황 및 보유역량**<br>- 팀 및 팀 구성 예정(안)에서 보유 또는 보유할 예정인 창업 아이템 관련 역량 등<br>* 1인 기업으로 사업을 신청하는 경우, 대표자의 역량 등을 중심으로 기재<br>- 업무파트너(협력기업)의 현황 및 역량 등 |

PSST 표준사업계획서의 내부역량 부분 작성 항목(2022년 표준창업사업계획서)

사업계획서 작성의 마지막 항목은 대표자의 역량 또는 함께 사업을 추진할 구성원에 대한 부분입니다. 이 항목의 작성과 검토에서 핵시 사항은 대표자가 창업아이템과 관련하여 어떠한 역량과 경험을 가지고 있느냐에 대한 부분입니다. 대표자가 보유한 역량이 창업 아이템을 사업화 하는데 어떻게 활용되어 남들보다 사업화를 추진하는 데 더 유리한 것인지를 착안하여 작성해 봅니다. 대표자의 역량을 무조건적으로 나열하는 것이 아니라, 창업 아이템과 대표자의 역량과 경험이 서로 어떻게 관련되어 있는지를 중심으로 작성해야 함에 유의해야 합니다. 만약 대표자의 역량 중 부족한 부분이 있거나 보완이 필요한 부분이 있다면 향후 신규 인력 채용을 통하여 해결해 나갈 수도 있을 것입니다. 이때 사업아이템과 관련하여 어떤 분야의 인력을 어느 시기에 채용할 것인지를 제시할 수도 있습니다. 아울러 창업 초기 제품의 OEM 또는 판매 상품의 공급망과 관련하여 누구 주요한 협력기업인지를 제시할 수도 있습니다. 이렇게 협력 파트너스 사를 작성할 때는, 특히 비즈니스의 주도권이 누구에게 있는가를 잘 설명할 필요가 있습니다.

## 8.2 비즈니스 모델 캔버스를 활용한 사업계획서 작성

우리는 앞 장에서 비즈니스 모델 구축을 위하여 비즈니스 모델 캔버스 9블럭을 활용해 보았습니다. 그런데 비즈니스 모델 캔버스는 위와 같은 PSST 표준사업계획서를 작성할 때도 유용한 도구로 활용될 수 있습니다. 기본적으로 PSST 표준사업계획서에서 요구하고 있는 각 항목들은 비즈니스 모델 캔버스의 작성 항목과 상당 부분 일치하고 있기 때문입니다. 따라서 비즈니스 모델 캔버스는 사업계획서를 작성할 때는 언제나 밑그림으로 활용될 수 있는 좋은 도구이기도 합니다.

다음 그림은 비즈니스 모델 9블럭 캔버스의 각 항목이 PSST 표준사업계획서와 어떻게 관련되어 있으며, 비즈니스 모델 캔버스를 사업계획서 작성시 어떻게 활용할 수 있는지를 보여 줍니다.

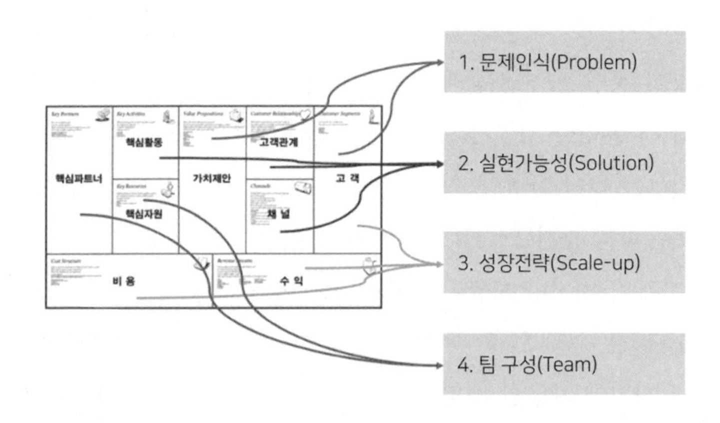

| PSST<br>표준사업계획서 항목 | BM Canvas 활용 항목 | 착안점 및 활용 방법 |
|---|---|---|
| Problem<br>(문제의 인식) | 고객 세그멘테이션(1)<br>가치 제안(2) 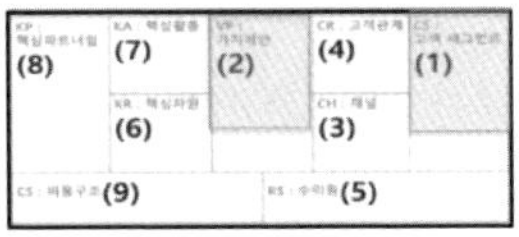 | • (1)번에게 (2)번의 가치를 제공하려는 이유는 무엇인가?<br>• 창업 아이템과 관련되어 불편을 느끼는 대상이 누구인지(목표고객)<br>• 불편에 대한 어떤 문제해결을 통해 궁극적으로 어떤 가치를 전달할 것인지(창업 아이템의 개발 동기 및 목적) |
| Solution<br>(실현가능성) | 채널(3)<br>고객관계(4)<br>핵심역량(6)<br>핵심활동(7) 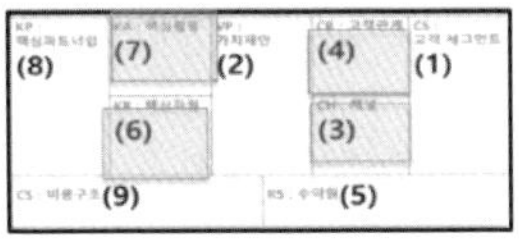 | • 창업자는 (6)번의 차별화된 능력을 가지고 (7)번의 활동을 전개하게 되면 (3)번과 (4)번에서 경쟁자보다 앞서게 된다.<br>• 기술적 측면의 개발 방안<br>• 사업화 일정 및 개발일정<br>• 경쟁우위 방안에 대한 비교표 |
| Scale-Up<br>(성장전략) | 가치제안(2)<br>비용구조(9)<br>수익흐름(5) 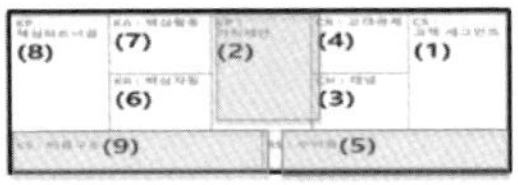 | • (9)번의 비용 항목을 계산하고, (5)번의 수익항목을 (1)번의 고객수로 계산하였을 때, 이익이 남을 수 있는가?<br>• 자금조달의 전체 규모<br>• 수익원의 구조와 추정 매출액의 근거<br>• 사업타당성(비용<수익) |
| Team<br>(대표자 역량<br>구성원 역량<br>팀 구성) | 핵심역량(6)<br>파트너스(8) 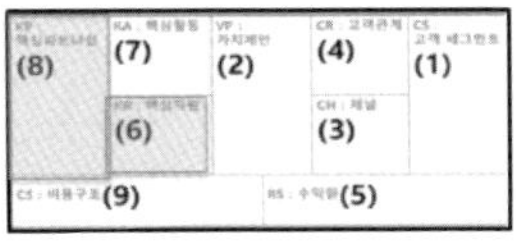 | • (6)번의 역량 중 인적자원과 역량이 사업아이템과 어떤 관련성이 있는가?<br>• 사업추진을 위해 (8)번의 역할과 필요성은 무엇인가?<br>• 대표자 역량이 창업 아이템의 사업화에 기여하는 부분<br>• 향후 채용예정인 인원<br>• 협력관계 파트너가 누구가 확보되어야 하며 왜 필요한가? |

## 8.3 점포형 창업 사업계획서에서 점검해야 할 기타 사항

PSST 전개방식 사업계획서는 특히 기술창업을 추진할 경우에 매우 유용하게 활용될 수 있습니다. 하지만, 소상공인형 자영업 창업과 같이 B to C 고객을 대상으로 한 점포형 창업에서는 그 특성에 맞도록 점검해야 할 중요한 요소들을 보완할 필요가 있습니다. 특히 점포형 창업은 기술창업과 달리 특정한 지역내 입지하게 된다는 특성을 가지고 있고 이러한 상권과 입지는 사업의 성패에 매우 큰 영향을 미치게 중요한 변수이기 때문입니다.

점포형 창업을 추진할 경우에 일반적인 절차는 다음 그림과 같습니다.

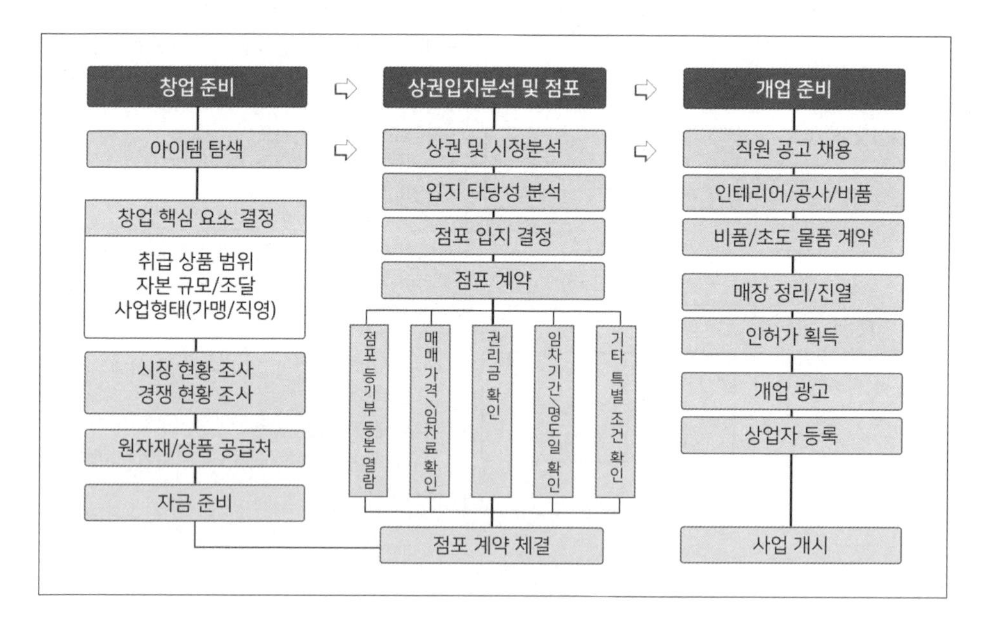


따라서 점포형 창업의 사업계획서를 작성할 때에는 이러한 창업의 준비과정과 상권입지에 대한 분석과 검토, 점포 계약과 인테리어 공사, 개업의 준비가 동시에

이루어져야 하므로 사업추진일정에 이 같은 요소들이 빠짐없이 점검되어야 함에 유의해야 합니다.

일반적으로 점포형 창업을 준비하는 사업계획서에는 다음의 사항이 추가되어 사업화 추진 일정과 목표시장 진입 전략 부분에 작성되어야 합니다.

가. 입점하고자 하는 지역의 상권분석 결과는 창업 아이템에 대한 잠재고객의 구매력과 집객력을 가지고 있는가? 정주인구, 유동인구 등 인구통계학적 분석 결과와 향후 도시계획 등 지역개발 사항 점검

나. 입지의 적절성이 검토 되었는가 ? 업종에 따른 위치층, 입지 지역의 법적 허용 업종인지 유무오폐수 처리, 소방 등 인허가 사항, 임대차 계약의 조건과 시세

다. 경쟁업체는 정확히 파악되었는가? 향후 입점계획을 가진 대형 점포는 없는가? 집객력이 큰 대형 병원, 학교, 관광서, 할인마트, 대형 스포츠센터, 영화관 및 백화점, 대형 위락시설 등의 입점 계획과 위치는 파악하였는가?집객력이 큰 곳은 창업자의 업종과 관련 없이 고객의 동선을 집객시설 중심으로 재편하게 될 가능성이 큼

라. 고객의 동선을 실측하고 검증하였는가? 주차장의 편의성, 접근성, 도보 및 차량 주행의 동선, 고객이동의 불편 및 위험 요소, 고객입장에서 점포까지 유입되는 경로 분석동서남북 등 방향, 대중교통이용, 자기 차량이용 등 모든 경우의 수를 실제 이동을 통하여 검증

# Ⅸ



# 반려동물 목표 시장 검증

*Companion Animals*

# 반려동물 목표 시장 검증

## 9.1 고객 검증

창업을 시작하려는 예비창업자를 만나서 창업 아이템에 대한 사업개요를 설명해 달라고 요청해 보면 흔히 두 가지 형태의 답변을 들을 수 있습니다. 먼저 창업자의 자신의 역량을 중심으로 창업의 목적과 배경을 설명하는 경우입니다.

"멍멍군은 어떠한 아이템으로 창업하려 하시나요?"
"아, 저는 반려동물을 길러본 경험이 풍부하고, 반려동물 행동 교정사 자격을 취득하는 등 우리나라에서 누구보다 반려동물에 대한 이해도가 높습니다. 그래서 맞춤형 동물 행동교정 서비스를 기반으로 한 창업하려 합니다."

이처럼 창업자의 역량을 기반으로 창업을 준비하고 설계하는 것도 창업의 기회를 발견하기 위한 좋은 방안이기도 합니다. 하지만 본질적인 측면에서 보면 창업은 내가 잘하는 일을 기반으로 무엇인가 창업을 시도해 보는 것이라기보다는 시장에

서 요구하는 무엇인가를 발견하고 그러한 욕구를 가진 특정한 고객집단이 있음을 확인한 후 제품이나 서비스의 형태로 제공함으로써 수익을 달성하는 것이라는 측면에서 접근해 보는 것이 사업을 전개 시켜나가는 데 훨씬 더 바람직한 접근 방법이라고 볼 수 있습니다.

"멍멍군은 어떠한 아이템으로 창업하려 하시나요?"

"경기도 용인시 처인구에는 타 지역에 비하여 반려동물의 개체수 대비 반려동물 전문점의 밀도가 상대적으로 낮다는 것을 발견하였습니다. 특히 해당 지역의 반려동물 카페에서는 보호자분들이 반려동물의 행동교정에 대한 관심이 높다는 점과 반려동물 미용에 대기시간이 길다는 불편을 호소하는 내용의 요구가 많다는 것을 확인하고 해당 부분을 특화한 아이템으로 창업을 생각하게 되었습니다."

이와 같이 창업의 배경과 동기가 내부적인 역량에 기반하는 것보다는 시장분석을 통한 목표시장을 기반으로 할 때, 창업활동의 추진이 보다 구체적이고 속도감 있게 진행되게 됩니다.

그렇다면 목표시장의 확인은 어떻게 해야 할까요?

가장 먼저 생각해 보아야 할 것은 창업자가 생각하는 고객이 실제로 존재하느냐입니다. 고객의 존재유무를 파악하기 위해서는 내가 창업하고자 하는 사업화 아이템에 대하여 가치가 있다고 느끼는 고객집단의 존재 유무를 확인해야 합니다. 그런데 가치가 있는 아이템이란 고객의 입장에서는 고객이 느끼고 있는 현재의 애로를 해결해 주거나 혹은 창업자의 아이템에 대하여 새로운 효익을 제공할 수 있는 차별성이 뚜렷하다고 느끼고 있는 특정 대상자를 의미하고 이러한 대상자가 일정한 규모를 가지고 사업적 대상이 될 수 있어야 함을 의미합니다. 때문에 고객의 존재 유무를 검증한다는 것은 고객이 느끼는 문제를 검증해 본다는 의미를 내포하고 있다고 볼 수 있습니다.

먼저 다음의 질문에 대하여 생각을 정리해 봅니다.

### 가. 고객가치 존재유무의 검증

| 항목 | 고객 가치 검증을 위한 핵심 질문 |
|---|---|
| 아이템의 적합성 | 나의 아이템은 고객이 느끼고 있는 문제를 해결해 주는 것에서 출발하는가?<br>나의 아이템은 고객에게 새로운 편리와 경험을 제공하는가? |
| 아이템의 경쟁성 | 고객은 기존의 경쟁업체보다 나의 제품과 서비스를 더 선호할 것인가? 그 이유는 무엇인가?(경제적 측면의 이익은 무엇인가?) |
| 시장진입 가능성 | 나의 제품과 서비스를 선호하는 고객이 집단을 이루고 있고 정량적으로 추정할 수 있는가?<br>고객이 나의 제품과 서비스를 선택하는 결정적 구매 이유를 제시할 수 있는가? |

특히 이러한 고객 검증에서 중요한 것은 내가 추정하고 있는 잠재적 고객을 수치화 할 수 있는 정량적 자료를 통해 검증할 수 있는가입니다. 흔히 공공데이터 포탈과 같은 자료를 통하여 목표고객이라고 카테고리화할 수 있는 대상이 어느 정도 정량화 되어 있는 지를 우선 조사하고, 실제 현장조사를 통하여 고객의 존재 유무를 다시한번 검증하게 됩니다. 그렇다면 현장조사를 통하여 고객을 검증한다는 것은 어떤 방법들이 있을까요?

현장에서 고객을 검증하기 위한 방법은 잠재적인 고객을 직접 만나서 면담해보는 면접조사와 전화나 온라인을 통한 설문조사의 방법, 특정 고객집단을 인터뷰하는 그룹집단 인터뷰Focus Group Interview 등의 방법 등이 있습니다.

### 나. 정성 조사의 방법

정성조사란 소비자와의 직접 대면을 통하여 자료를 수집조사하는 방법으로 계량적인 조사에 앞서 전반적인 상황을 파악하거나, 계량화하기 힘든 소비자의 욕구를 파악하기 위한 방법으로 활용하기 위해 실시됩니다.

그중 대표적인 것이 면접방법이 있는데, 이러한 면접 방법은 면접대상자가 목표고객을 대표할 수 있는 대표성을 가지고 있는지와 계량적으로 수집될 수 없는 정보를 취득하기 위해 사전에 인터뷰 항목이 얼마나 잘 준비되어 있는가가 중요합니다.

다음의 사례를 참고하여 활용해 볼 수 있습니다.

멍멍군은 용인시 처인구에서 고객검증을 하기 위하여 우선 정성조사의 방법 중 심층 면접FGI, Focus Group Interview를 활용하기로 하였습니다. 멍멍군은 우선 경기도 용인 지역에서 반려동물을 키우고 있는 대상자를 물색하기 위하여 해당 지역에 반려동물 동호회에 가입하였고, 회원 중 특히 멍멍군이 관심이 많은 반려견을 키우고 있는 회원들의 정기모임에 참석하였습니다. 멍멍군은 정기모임에 참석한 회원들 중 반려견에 대한 현재의 불편사항과 의견을 수렴하기 위하여 7명을 인터뷰 대상으로 모집하였습니다. 이때, 인터뷰에 참석을 응해주는 회원에게는 글로벌 유명브랜드의 커피 쿠폰과 반려견 용품을 인터뷰에 응한 사은품으로 주기로 약속하였고, 날짜를 정하여 같은 장소에 모이기로 하였습니다. 인터뷰 시간은 1시간을 정하였고, 가급적 각기 다른 반려견 품종을 키우고 있는 대상자를 고려하고, 성별과 연령을 적절히 고려하였습니다. 멍멍군은 사전에 인터뷰 질문지를 준비하면서 1시간 이내 참석자의 다양한 답변을 최대한 유도할 수 있도록 하되, 가급적 쉬운 질문 문항으로 구성하고 참석자의 의견에 다른 사람들이 자유롭게 의견을 덧붙일 수 있도록

| 대분류 | 질문내용 | 답변내용 |
|---|---|---|
| 1. 기본정보 | 현재 기르는 반려동물 품종은?<br>반려동물과 함께한 시간은? | |
| 2. 고객불편 | 반려견을 기르면서 가장 불편한 점<br>• 반려동물 용품 등 구입 관련<br>• 반려동물 케어 관련 | |
| 3. 현재 상황 | • 현재 반려동물 용품은 어디서 구매하는가?(온라인/오프라인)<br>• 반려동물 불편한 점은 어떻게 해결하고 있는가?<br>• 용인지역에서 반려동물을 기르기 때문에 불편한 점은? | |
| 4. 제품/서비스 | • 맞춤형 간식에 대한 구매의사는?<br>• 어떤 맞춤형 간식이 필요한가?<br>• 문제행동 전문가가 운영하는 샵에 대한 적극적 이용 의사는?<br>• 반려동물 용품점의 선택기준은? | |
| 5. 정보취득원 | • 반려동물 용품과 서비스에 대한 정보는 주로 어디서 얻고 있는가? | |

하였고, 각 질문에 대한 답변을 정리하고 기록할 수 있도록 다음과 같이 준비하였습니다.

### 다. 정량조사의 방법

멍멍군은 위와 같은 정성조사뿐만 아니라 보다 많은 사람들이 참여하는 고객조사도 함께 실시해 보고자 하였습니다. 정성조사를 실시한 결과 답변자들의 대답이 너무 다양하였고 주관적인 의견이 많이 들어가 있다는 생각이 들었기 때문입니다. 이에 멍멍군은 용인지역의 인터넷 카페와 용인지역이 아닌 전국구 인터넷 카페에 온라인 설문조사Poll을 실시하기로 하였습니다. 용인지역을 벗어난 다른 지역에서의 반려견 보호자들의 의견과 특별히 용인지역의 반려견 보호자들의 답변 사이에 어떠한 차이가 있는지 또한 중요한 관심사였기 때문입니다.

총 답변자는 100명으로 설정하였고, 반려견 동호 카페 가입자는 누구나 원하면 답변을 할 수 있도록 하였으며, 참여를 유도하기 위하여 온라인 설문에 응답한 사람든 무작위로 선정하여 특별한 경품을 주기로 하였습니다. 또한 응답자의 설문에 대한 거부감과 부담을 줄여주기 위하여 온라인 설문의 응답시간은 3분이내에 답변이 가능하도록 하였습니다. 멍멍군은 다음과 같이 폐쇄형 선다형 질문을 주로 활용하였습니다.

질문1) 귀하가 반려동물과 함께 거주하는 지역은 어디인가요?
① 경기권 ② 경상남북도 ③ 강원도 ④ 충청남북도 ⑤ 전라남북도

질문2) 귀하가 현재 기르는 반려동물은 무엇입니까?
① 반려견 ② 반려묘 ③ 조류 ④ 어류/양서류 ⑤ 기타( )

질문3) 귀하가 반려동물 용품(사료 포함)은 주로 어디서 구매하시나요?
① 인근 지역의 전문매장 ② 대형 쇼핑몰 반려동물 코너 ③ 온라인 주문 ④ 기타( )

질문4) 귀하가 반려동물 용품을 구입할 때 가장 중요한 선택 기준은 무엇인가요?
① 반려동물의 선호도 ② 브랜드 ③ 가격 ④ 배송 및 거리 ⑤ 기타( )

질문5) 귀하가 반려동물 미용 등 서비스를 이용할 때 가장 불편한 점은?
① 지역내 전문점의 부재 ② 원하는 시간 예약 불가 ③ 반려동물의 거부행동
④ 반려동물과 동행 이동의 불편 ⑤ 기타(　　)
질문6) 귀하는 반려동물에 대한 맞춤형 간식 제작 및 전용 케어 서비스 등 회원제 서비스가 있다면 가입하실 의사가 있으십니까?
① 적극적으로 가입 ② 무료일 경우만 가입 ③ 가격을 보고 결정 ④ 관심이 없다
⑤ 기타(　　)
질문7) 귀하는 반려동물에 대한 정보를 주로 어디서 취득하시나요?
① 인터넷 검색 ② 매장 방문 시 정보 획득 ③ 수의사 ④ 인터넷 카페 등 동호회
⑤ 기타(　　)

위 멍멍군의 예시가 완벽한 고객검증을 실시한 것이라고 보기는 힘듭니다. 특히 고객 검증을 인터뷰나 조사의 형태로 진행하고자 할 때는 사실 훨씬 많은 조사 항목들이 통계적 객관성을 반영하여 구조적으로 설계되어야만 집계되는 정보의 정확도가 높아집니다. 하지만, 창업자가 전문적인 설문 조사업체가 아니므로, 현실적으로 정교한 조사는 외부에 위탁하지 않는 이상 어렵게 됩니다. 따라서 창업자가 최소한 위와 같은 형태를 통해서라도 고객 검증을 시도해 보고 시장을 직접 확인해 본다는데 큰 의미가 있습니다. 이 같은 조사의 결과를 집계하여 예비창업자는 최소한 시장에 고객이 실제 존재하고 있는 지 유무와, 창업 아이템에 대한 고객들의 불편과 니즈를 직접 현장을 통해 확인해 볼 수 있으며, 미처 생각해 보지 못했던 현장의 목소리를 얻게 되기도 하기 때문입니다. 한 가지 유의할 점은 정량조사와 같이 폐쇄형 설문응답자가 자유롭게 대답하지 않고 선택항목에 체크하는 형태의 답변을 하는 경우조사를 실시하는 경우에는 창업자가 의도적으로 긍정적인 답변을 유도하여 스스로 확신을 얻지 않도록 해야 합니다. 또한 응답자의 편파성이 없도록 최대한 고려하여야 하며, 응답의 결과에 대해서는 수용적으로 검토해 보는 자세가 필요합니다. 창업자가 보다 정확히 고객검증을 설계하고 싶을 때에는 국가전문 자격사인 경영지도사와

같이 창업지원 공공기관의 풀에 소속된 공인 컨설턴트의 도움을 얻는 방안도 적극 활용할 수 있습니다.

## 9.2 제품 검증

고객이 문제를 느끼고 있는 부분을 확인하고, 비용을 지불하여 구매 의사가 있음이 확인되었다면, 이번에는 창업자가 사업화 아이템으로 고려하고 있는 제품들이 과연 고객이 원하고 있는 바로 그 제품인지를 보다 면밀히 확인할 필요가 있습니다. 때때로 창업자가 구상하고 있는 아이템과 고객이 구매의 필요성을 느끼는 제품이 미스 매칭되는 경우도 흔하게 발생하는 대표적인 창업의 실패 요인 중 하나이기 때문입니다.

판매하고자 하는 제품을 검증하기 위해서는 고객이 구매하고자 하는 제품을 직접 확인하는 것이 중요할 것입니다. 만약 이미 제조가 완료된 경우라면, 제품의 샘플을 직접 고객에게 무료로 제공하고 사용하게 해봄으로써 판매 가능성을 검증을 할 수 있을 것입니다. 예컨대 반려견의 품종별 적합 사료를 도매로 구매하여 판매하고자 한다면, 창업자가 생각하고 있는 몇몇 적합 아이템을 선정하고 샘플을 제공함으로써 고객들의 평가를 받는 경우가 대표적인 사례라 할 수 있습니다. 다시 말해 사업화 아이템으로 판매 목록을 결정하기 전에 반려동물 카페나 동호회를 통하여 창업자가 선정한 시제품을 무료로 제공하고 소비자의 반응 평가를 받는 것입니다. 무료 시제품 평가에는 해당 제품에 대한 품질, 가격의 적정성, 지속적인 구매 의사, 다른 사람에게 추천할 의향 등을 조사하게 되며, 특히 기존 제품이나 대체재, 경쟁제품과 비교하여 상대적으로 구매할 의사가 있는지를 확인하는 것이 중요합니다.

즉 "고객님은 금번 제공된 시제품을 향후 구매하실 의향이 있습니까?"라는 질문보다는 "고객님은 제품을 사용해 본 결과, 기존 사용하는 제품 대신 향후 본 제품을 구매하실 의향이 있습니까?"라는 질문이 보다 객관적이고 정확도가 높은 검증 방법이라고 할 수 있습니다. 특히 제품에 대한 구매 의사를 확인할 때에는 가급적이면 판매 가격도 함께 제시한 후 구매 의사를 물어보아야만 상대적 지불의사의 진위를 보다 정확히 확인할 수 있다는 점에 유의하여야 합니다.

그런데, 만약 창업자가 자체적으로 개발한 아이템에 대하여 제품검증을 해보려 한다면 어떤 점에 유의해야 할까요? 예컨대 멍멍군의 경우, 자체적으로 개발한 맞춤형 간식을 제조하여 판매하고자 한다면 어떻게 해야 할까요?

우선 멍멍군은 본격적으로 제품을 생산하기 전에 고객이 멍멍군의 맞춤형 간식을 구매하려 할 때, 필수적 선택의 요소로 고려하리라고 추정되는 부분만을 먼저 핵심기능으로 구성한 제품을 간단한 시제품으로 만들어 보아야 합니다. 맞춤형 간식에 다양한 질감과 향을 넣을 수도 있고, 복합적인 영양성분도 포함시킬 수 있으며 형태도 여러 가지로 만들 수 있겠지만, 이렇게 많은 기능과 우수한 품질을 포함하게 되면 당연히 가격은 상승하게 되고 가격은 새로운 제품에 대하여 고객의 선택에 결정적 영향을 주게 될 것이기 때문입니다. 게다가 현재 상황에서는 정확히 고객이 맞춤형 수제 간식을 구매하려 할 때 과연 어느 부분을 가장 중요한 선택의 요소로 생각하는지를 분명히 알 수 없기 때문이기도 합니다.

이에 멍멍군은 본인이 생각하기에 맞춤형 간식의 필수 요소라 할 수 있는 항목만으로 반려견이 좋아하는 향과 단백질 성분을 넣은 제품을 일단 만들어 시제품을 만들어 보았습니다. 이것을 M.V.PMinimum Viable Product, 최소존속제품이라고 합니다. 멍멍군은 이 같은 제품을 만들어 몇 명의 표본 고객에게 제품에 대한 테스트를 실시 해 봅니다. 고객들은 멍멍군이 만든 첫 번째 수제간식을 사용해 보면서 수제 간식의 영양성분에 대한 정보를 확인하고 모양, 향, 반려견의 선호도, 그리고 기존 제품과의 비교 등을 통하여 멍멍군에게 다음과 같은 피드백을 주게 되었다고 가정해 봅니다.

"수제 간식에 반려견의 비만을 막기 위하여 식이섬유나 비타민도 들어가 있었으면 해요"
"멍멍이에게 먹여봤더니 크기가 너무 작아서 씹지 않고 삼켜요"
"다른 간식과 함께 주었을 때, 냄새를 맡더니 다른 간식을 우선 먹더라구요"
"포장 단위가 소포장이면 좋겠어요. 한번 개봉하면 보관하기 불편하더라구요"

멍멍군은 이 같은 고객의 검증과 피드백을 바탕으로 다수의 고객들로부터 공통적으로 제기된 제안사항을 우선 반영하여 하나씩 하나씩 고객의 요구사항을 확인하고 제품의 품질을 개선한 시제품을 만든 후, 지난번 고객들로부터 다시 한번 더 2차 시제품에 대한 검증을 받아보고, 또다시 고객의 요구사항을 참고하여 제품의 특징과 품질 수준을 향상시켜 나가는 방식으로 제품 개발을 해나가는 것이 시행착오를 최소화하는 측면에서 유리할 것입니다.

즉 무조건적인 높은 품질 수준의 제품을 만들고 그에 상응하는 가격을 받겠다는 식의 시장진입 전략보다는, 고객이 요구하는 것이 무엇인지를 실제 고객의 피드백을 받아서 그러한 요구사항에 근거하여 단계적으로 하나씩 제품의 품질 수준과 가격 수준을 결정해 나가는 것이 바람직하다는 말입니다. 이 같은 과정을 통하여 고객들이 수용할 수 있는 가격 수준에서 제품의 최종 품질 수준을 결정하고 난 후, 이러한 레시피를 표준화하여 본격적으로 수제간식을 제조한다면, 수제 간식의 제조 시간의 단축과 필요한 원재료의 사전 확보, 제조공정의 효율성을 높일 수 있을 뿐만 아니라 고객의 요구에 기반한 제품을 만들 수 있게 될 것입니다.

일반적으로 이 같은 고객 및 제품 검증을 실시하기 위해서는 다음의 사항을 고려하면서 진행하여야 합니다.

첫째, 제품 검증을 위한 고객의 표본이 최대한 객관적으로 구성되었는가?지역, 연령, 성별 등

둘째, 설문조사나 인터뷰를 실시한 표본집단은 현재 유사한 경쟁사 제품을 사용 중이거나 과거 사용한 경험이 있는가?

셋째, 고객은 어떠한 물리적 환경에서 제품을 검증하고 있을 것으로 예상되는가?

넷째, 고객이 제품이나 서비스에서 필수적 요소라고 생각하는 기능과 성능은 무엇인가?

다섯째, 고객이 경쟁제품을 대체하거나, 지속적으로 재구매할 의사가 있는 지를 확인할 수 있는가?

여섯째, 고객들의 재구매율을 높이고 거래 관계를 지속하기 위하여 가장 중요하게 생각하는 것은 무엇이며, 이러한 차원에서 제품에 반영 되어야할 필수 요소가 무엇인가?

일곱째, 고객은 현재 이러한 제품과 서비스의 존재 유무를 주로 어디를 통해서 최초로 인식하게 되며, 구매를 위하여 주로 이용하거나 선호하는 유통 경로는 무엇인가?

여덟째, 고객이 경쟁제품과 비교하여 우리 제품을 구매하기 위해 수용 가능한 가격대는 얼마인가?

아홉째, 고객들이 우리 제품의 구매를 선택할 때 가장 큰 강점으로 인식하는 표면적인 요소는 무엇인가?

열번째, 고객들은 우리 제품의 큰 강점으로 인식하고 있지 않지만, 실제로는 제조과정에 제품이나 서비스에 적용 되어 있는 눈에 보이지 않는 기능과 성능은 무엇인가?

## 9.3 상권 및 입지 분석

상권이란 지리적인 범위를 의미하는 것으로 해당 점포를 이용할 가능성이 있는 소비자들이 위치하고 있는 지역을 의미합니다. 때문에 상권은 상가 점포의 세력이 미치는 범위를 즉 상품이나 서비스가 판매 가능한 지역범위를 의미하며, 고객을 흡수할 수 있는 지리적 영역, 마케팅 단위로써의 공간적 범위라고 볼 수 있습니다. 예컨대, 도심상권, 오피스 상권, 역세권, 대학가상권, 주택가 등과 같이 분류하는 것으로 상권은 통상 거리를 기준으로 구획으로 구분합니다. 상권분석이란 어떤 점포가 고객을 끌어들이는 지리적 범위가 어느 정도이며 그 지역이 어떠한 특성이 있는 가를 분석하는 것을 말합니다.

반면 입지란 상권내 점포가 구체적으로 소재하고 있는 특정 위치를 의미하는 것으로 소비자의 입장에서는 상품이나 서비스를 구매할 수 있는 구매 지점을 의미합니다. 특정 장소가 점하고 있는 정적이고 한정적인 공간을 지칭하는 것으로 대로변에 위치하느냐, 이면도로에 위치하느냐, 골목길이냐 등과 같이 물리적 특성을 보기도 합니다. 같은 건물이라도 코너냐, 중앙이냐, 1층이냐 2층이냐 등의 위치를 분석

[상권과 입지의 개념]

| 구분 | 상권 | 입지 |
|---|---|---|
| 개념 | 상품/서비스가 가능한 지역적 범위 | 상권내 입점한 구체적 점포의 위치 |
| 특성분류 | 특급상권: 명동, 종로<br>A급상권: 도심, 역세권<br>B급상권: 대학가, 아파트 단지 등 | 유동인구가 많은 대로변<br>먹자 골목길<br>1층 중앙 통로쪽 |
| 평가기준 | 반경 거리(250미터, 500미터) | 권리금, 임대료, 평당 매매단가 |
| 등급 | 1차상권, 2차상권, 3차상권 | 1급지, 2급지, 3급지 |
| 분석방법 | 구매력, 집객시설 업종경쟁력 | 점포분석, 유동인구, 통행량 |

해 보는 것을 말합니다. 이 같은 입지는 통상 권리금이나 임대료 등의 가액으로 그 가치가 평가되는 경우가 일반적입니다.

점포형 창업을 하는 경우에는 무엇보다 창업에 가장 큰 영향을 주는 것은 바로 점포가 위치한 상권과 입지라고 볼 수 있습니다. 외부 변수 중 가장 강력하게 영향을 미치기도 하고, 또 창업자가 통제할 수 없는 변수이기도 합니다.

다행히도 최근에는 ICT기술과 빅데이터를 활용한 상권 및 입지분석 데이터를 중소벤처기업부 산하 소상공인시장진흥공단이 운영하고 있어, 창업을 준비하는 많은 분들에게 크게 도움이 되고 있습니다. 특히 상권과 입지는 수시로 변화하고 있기 때문에 상권분석 또는 입지 분석과 같은 특정 서적을 구매하여 활용하는 것보다는 정부의 공공 빅데이터를 활용한 실시간 분석을 직접 해보는 것이 더욱 바람직하다고 생각됩니다.

소상공인시장진흥공단은 창업을 준비하는 전 국민들에게 실시간으로 무료 상권과 입지를 분석정보를 제공할 뿐만 아니라, 경쟁점포에 대한 분석과 수익성에 대한 자료까지 무료로 제공해 주고 있습니다. 뿐만 아니라 2022년 이후에는 창업자가 선택한 업종과 행정동의 최신 종합 상권정보가 담긴 보고서를 매월 1개월마다 카카오나 알림톡, SMS, 이메일 등으로 무료 구독서비스까지 제공하고 있으므로 매우 유용하다고 할 수 있습니다.

구체적인 이용방법과 사례는 다음과 같습니다.

포탈사이트에서 소상공인 상권분석 또는 sg.sbiz.or.kr로 접속하면 다음과 같은 화면이 나타납니다.

(1) 먼저 회원가입을 하여 로그인을 합니다.

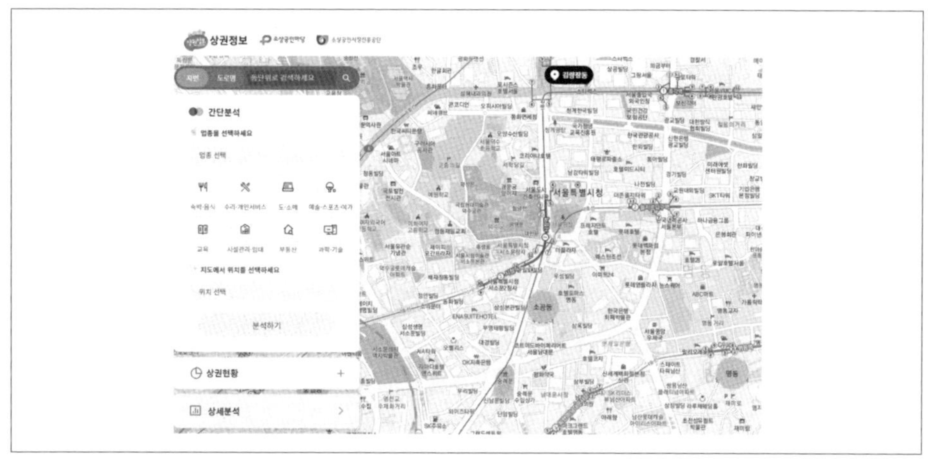


출처: 소상공인시장진흥공단 상권정보: https://sg.sbiz.or.kr/ 2022. 8

(2) 좌측 메뉴에서 상세분석을 클릭하여 업종을 선택합니다.

멍멍군의 경우에는 도소매 업종에서 반려동물 미용실을 선택해 보았습니다.

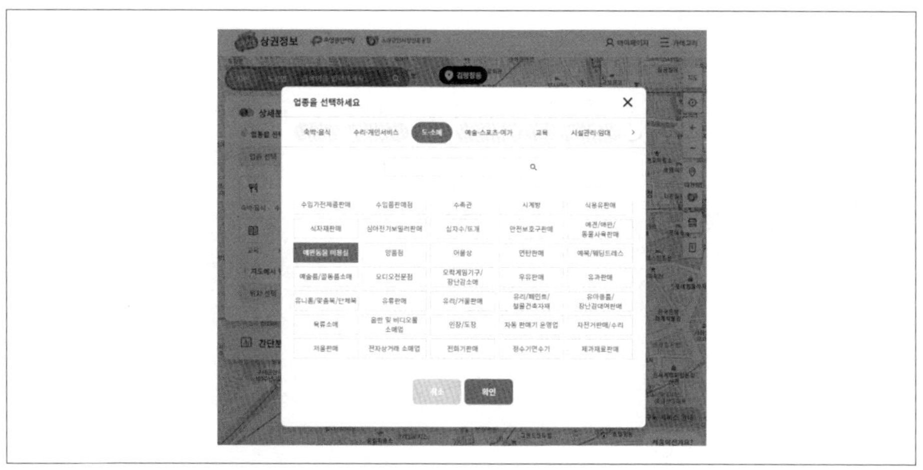


출처: 소상공인시장진흥공단 상권정보: https://sg.sbiz.or.kr/ 2022. 8

(3) 점포가 입점할 위치를 선택합니다. 지역의 주소명을 입력하기도 합니다. 멍

멍군은 용인시 동백동이라고 검색하였습니다. 이때 주소지에 대하여 원형, 반경, 다각, 상권 중 어떤 방식으로 지역을 설정할 것인지에 대한 선택이 나옵니다. 입점할 위치에 대한 사전 정보가 있는 경우라면 가급적 다각형으로 불필요한 공원 등 시설은 제외하고 상권 지역을 설정해 봅니다.

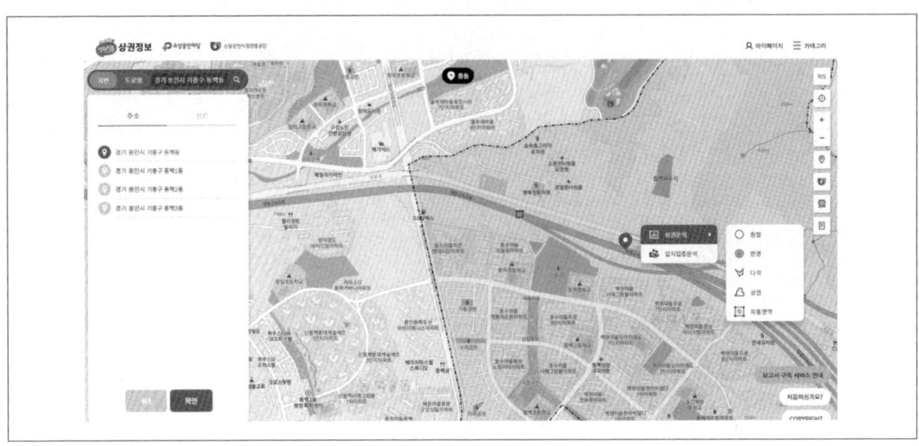


출처: 소상공인시장진흥공단 상권정보: https://sg.sbiz.or.kr/ 2022. 8

구체적인 분석 지역을 설정한 이후의 화면입니다. 설정한 화면내 "분석"을 클릭하면 설정된 지역에 대한 구체적인 분석이 진행됩니다. 가장 최근의 실시간 빅데이

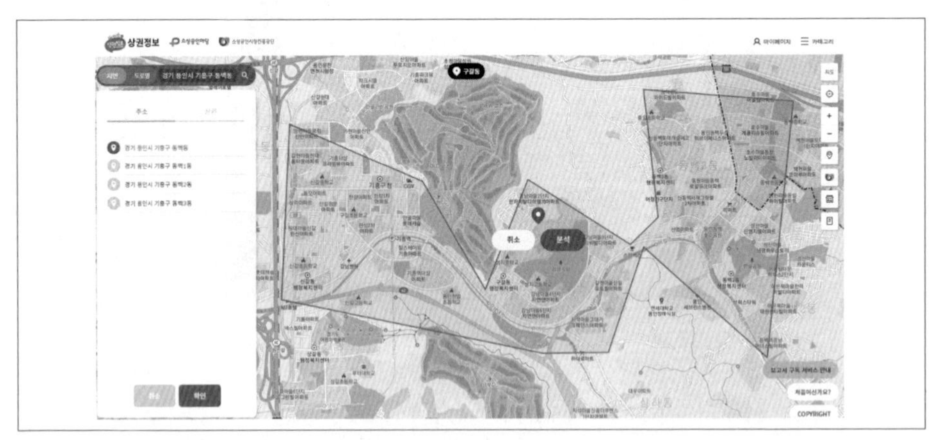


출처: 소상공인시장진흥공단 상권정보: https://sg.sbiz.or.kr/ 2022. 8

터를 불러오기 때문에 어느 정도 시간이 걸릴 수 있습니다.

(4) 상권분석 보고서가 화면에 나타납니다. 이러한 보고서는 출력하거나 저장할 수 있습니다.

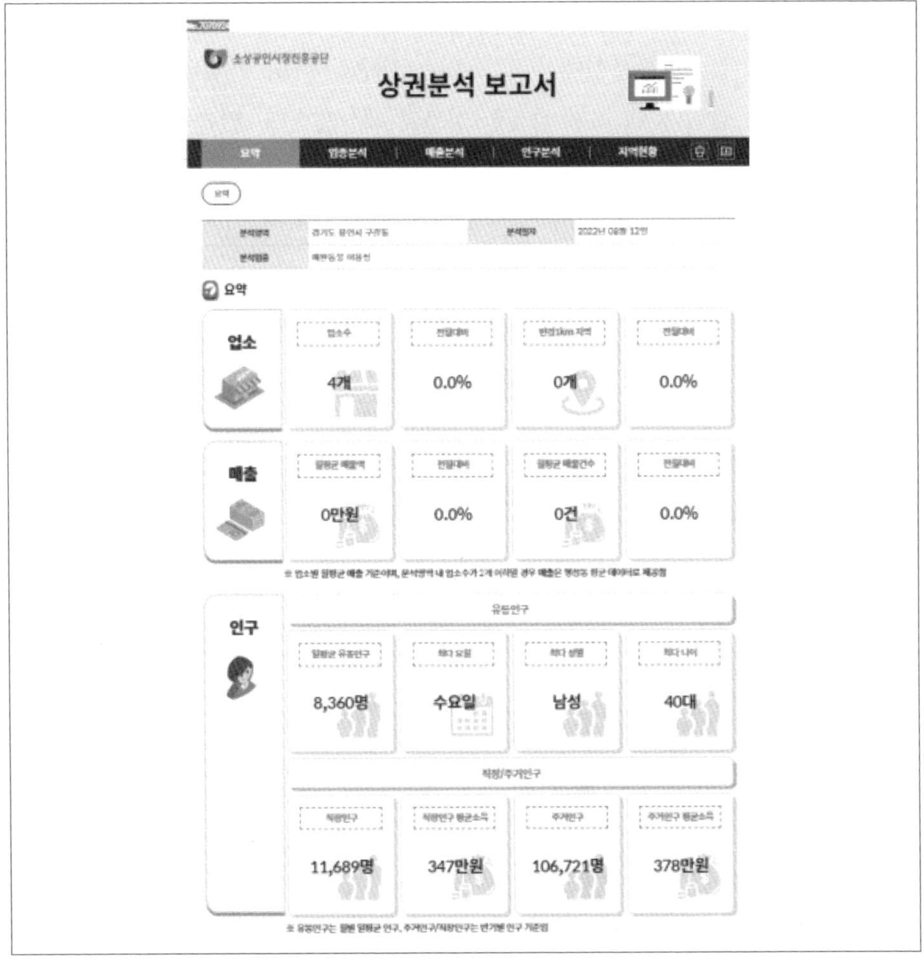


출처: 소상공인시장진흥공단 상권정보: https://sg.sbiz.or.kr/ 2022. 8

(5) 상권분석 보고서가 제공하는 정보는 실시간 공공정보를 활용한 빅데이터를 활용하므로 매우 상세하고 정확한 정보를 제공합니다. 이 같은 데이터는 각종 카드사에서 수집된 매출 정보와 통신사, 정부 및 지자체, 공공 교통시설의 이용고객, 주요 집객시설의 이용자 등을 실시간으로 분석한 데이터를 기반으로 제공하므로 매우 정확한 정보를 제공해 준다는 점에서 상당한 신뢰성 있는 정보라 할 수 있습니다.

상권분석보고서의 업종분석에서 담고 있는 내용은 해당 지역의 업소수와 증감율, 동일 업종의 업력 등에 대한 상세한 정보와 해설을 담고 있습니다. 매출분석에서는 선택한 업종의 매출추이 분석, 시기별 매출특성, 시간대별 매출특성, 월평균 매출액과 매출건수, 성별, 연령별 매출액 정보 등을 통하여 인근 상권의 구매력과 소비수준에 대한 정보를 파악할 수 있습니다. 인구분석의 경우에는 유동인구에 대한 요일별, 시간대별, 주거 인구의 소득추이와 소비정도뿐만 아니라, 심지어 금액구간별 소득소비 분포까지도 알 수 있습니다. 지역 현황에서는 가구수와 주변 주요 집객 시설, 교통시설 등에 대한 데이터 분석이 가능합니다.

출처: 소상공인시장진흥공단 상권정보: https://sg.sbiz.or.kr/ 2022. 8

점포형 창업에서는 상권과 입지에 대한 정보분석은 창업을 준비하는 단계뿐만 아니라, 상권의 변화를 수시로 점검하기 위해서도 점포를 운영하는 동안에도 반드시 필요한 중요한 정보라고 할 수 있습니다. 때문에 소상공인시장진흥공단과 같은 공공기관에서 제공하는 데이터를 수시로 활용하고 분석하도록 노력해야 합니다.

X



# 사업타당성 검토

*Companion Animals*

# 사업타당성 검토

## 10.1 사업타당성의 개념

사업타당성이란 창업자가 예측한 사업계획이 개연성을 가지는지를 점검해 보는 일련의 과정을 의미합니다. 이때 개연성이란 창업자가 예측한 대로 제품과 서비스가 고객에게 판매될 가능성과 그러한 판매 이후 과연 기대하는 사업수익을 달성할 수 있느냐를 최대한 객관적으로 점검을 해보는 것을 의미합니다. 그런데 창업자가 예상 매출을 추정하는 것은 실은 매우 주관적인 가정이 들어가 이기 때문에, 사업타당성은 이러한 주관적인 변수를 최대한 객관화시키기 위하여 최대한 객관화된 정량적 수치를 활용하여 수익과 지출을 계산해 보고 시뮬레이션 결과를 확인해 보는 방식으로 진행됩니다.

예컨대, 멍멍군이 창업 이후 수익을 많이 남기기 위해서는 가급적 많은 수의 고객들이 상품이나 서비스를 비싼 가격에 구매한다고 가정할수록 유리할 것입니다. 하지만, 현실적으로는 멍멍군이 가지고 있는 지역적 특성과, 경쟁 점포, 물리적으로 멍멍군이 판매할 수 있는 최대 상품 판매 가능 수량 등을 냉정하게 고려해야 합니다. 이렇게 최대한 객관적으로 멍멍군이 확보 가능한 고객의 수를 예측하는 것, 그리고 고객들이 거부감 없이 제품을 구매할 수 있는 가격을 합리적으로 추정해 보는 것이 사업타당성 분석에서는 매우 중요할 것입니다.

일반적으로 사업타당성 점검이란 크게 세 가지 측면을 종합적으로 고려하여 사업추진의 합리성과 개연성을 점검해 보게 됩니다.

첫째, 창업 이후, 목표 고객에게 과연 제품이나 서비스를 얼마나 판매할 수 있을 것인가를 추정함에 있어 최대한 객관적인 자료를 바탕으로 조사해 보아야 합니다. 이같은 검증과정을 흔히 시장성 평가라고 합니다.

시장성 분석에서는 특히 목표 시장내 소비자 조사, 동종 경쟁자의 현황, 예상 판매수량 예측의 근거, 벤치마킹 사례, 점포가 있는 경우에는 입지상권 분석에 근거한 잠재 고객수 등을 조사하게 됩니다.

둘째, 제품을 만들어 판매할 경우, 제품의 제조와 생산이 현실적으로 어느 정도 기간이 필요한지, 얼마 정도의 돈이 투입되어야 생산할 수 있으며, 이러한 과정이 현실적으로 현재의 인원과 사업구조로 실현 가능성이 있는가를 점검해 보아야 할 것입니다. 만약 제품을 만드는데, 기술적 노하우가 들어간다면 기술이 제품 생산에 어느 정도 경제적 기여를 할 수 있는지기술성 또한 분석해 보아야 합니다.

이 같은 기술성 평가에서는 제품의 산업 재산권화 가능성, 생산설비 및 장비의 보유 또는 투입 비용, 생산공정 기술의 확보 유무와 수율의 적정성, 시설 소요 자금, 외주제작 비용, 원재료 및 부자재의 공급가격과 공급 안정적 지속가능성 등을 조사하게 됩니다.

만약 제품을 만들어 판매하지 않고, 단순히 점포형 창업을 하게 되는 경우라면 상품의 매입이 가격과 공급처매입처가 얼마나 경쟁력을 가지고 있으며 향후 위험 요소는 없는지 등을 분석해 보아야 할 것입니다.

셋째, 시장성 평가에 근거한 매출 추정판매 가능 수량×판매 가능 가격이 합리적이라고 전제하고, 또한 제품을 만드는 제조의 실현 가능성 또는 상품의 유통 구조가 경쟁력을 갖추었다고 분석이 되었다는 전제하에 최종적으로 이러한 사업을 추진하였을 때, 과연 어느 정도 이익이 남게 되는 지를 따져 보아야 합니다. 이 같은 분석을 재무적 타당성 분석 또는 경제성 분석이라고 합니다. 쉽게 말하여 사업을 하여 번 돈에서 비용을 빼고 남는 돈이 있는가를 계산해 보는 것을 말합니다.

그런데, 이러한 경제성 분석을 보다 면밀하게 분석해 보려면 사실은 단순히 사업을 하여 벌게 된 총 매출액에서 단순히 사용한 총지출 금액을 빼기만 하면 되는 것이 아니라 총매출액에서 총비용뿐만 아니라 사업을 하기 위해 초기에 투자된 시설과 설비비용 또한 적절히 배분하여 비용으로 포함시켜야 할 것입니다. 그리고 이렇게 초기 투자비용이 포함된 상태에서 현실적으로 확보 가능한 고객수를 고려한다면 총 매출액에서 총 비용을 제외한 금액이 이익으로 전환되기까지 어느 정도 기간이 소요되어야 한지를 살펴보아야 할 것입니다. 즉 총 매출액－총 비용－초기 시설투자비 배분액을 계산해 보아 손익분기점 도달 시기를 계산해 보아야 한다는 의미입니다.

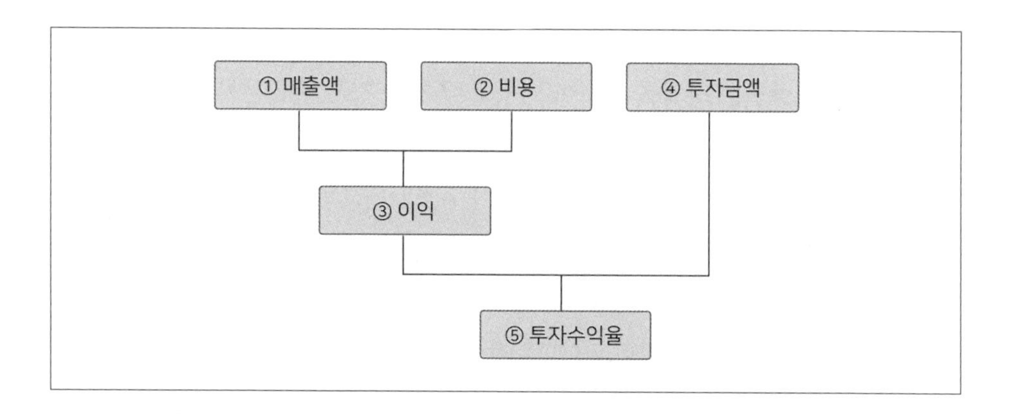


일반적으로 이 같은 형태로 초기 투자비용까지를 고려한 면밀한 분석은 단순히 점포형 창업을 하는 경우뿐만 아니라 특히 제조업 창업과 같이 초기 시설과 장비에 투자금이 반드시 소요되어야 하는 사업의 타당성을 분석하는 경우에 많이 활용됩

니다. 이러한 형태의 재무적 경제성을 분석하는 방법은 투자 수익률Return on Investment을 계산하는 가장 기본적인 개념으로 널리 활용되고 있습니다. 참고로 제조업과 같이 기업형 사업의 재무적 사업타당성을 분석하려면 추정 손익계산서를 작성하고 잉여 현금흐름FCF : Free Cash Flow을 계산해 보게 되는데, 일반적으로 기업형 사업의 추정 손익계산서는 ① 매출액 추정 → ② 매출원가 추정 → ③ 판매관리비 추정 → ④ 영업이익 추정 → ⑤ 영업외이익 및 비용 추정 → ⑥ 세금 추정 → ⑦ 순이익 순으로 추정한 손익계산을 현금의 유입과 유출에 따라 별도로 분석해 보는 과정을 거치게 됩니다.

## 10.2 손익분기점 매출액

사업타당성의 개념을 반려동물 창업을 준비하는 창업자가 보다 쉽게 활용할 수 있는 현실적인 방법은 창업을 통하여 사업을 추진할 경우 손익분기 매출액을 예측해보는 것입니다. 손익 분기점 매출액이란 이익도 손실도 발생하지 않는 구간의 매출액을 말합니다. 만약에 손익분기점 매출이 1천만 원으로 계산되었다면 매출이 1천만 원을 달성하지 못한다면 손실이 발생한다고 볼 수 있습니다. 다시 말해 손익분기점 매출액이란 이익도 손실도 생기지 않는 매출액을 의미하는 것으로 사업이 적자에 빠지지 않고 운영하려면, 앞으로 최소한 어느 정도를 판매해야 수입과 지출이 균형을 이룰 수 있는지를 알 수 있게 해줍니다. 영어로 Break Even Point라고 표기하며 간략히 B.E.P라 일반적으로 사용합니다.

이 같은 손익분기점 매출액을 미리 시뮬레이션 해봄으로써 창업자가 얻게 되는 장점은 다음과 같습니다.

① 점포를 오픈 했을 경우 총 비용이 계산된다면 어느 정도 팔아야 수지 균형을 맞출 수 있을지 사전에 파악해 볼 수 있다.
② 손익분기 매출액을 기준으로 목표 매출액을 설정하여 점포의 합리적 경영을 위한 관리 운영 기준을 마련할 수 있다.
③ 목표로 하는 수익을 달성하기 위하여 필요 매출액을 미리 계산해 볼 수 있다.

## 10.3 손익분기(BEP) 계산 방법

그렇다면 손익분기점 매출액은 어떤 방식으로 계산할 수 있을까요?

예를 들어 A매장의 이익이란 '총매출액－총비용＝이익'이라고 표현할 수 있을 것입니다. 총매출액의 계산은 매장에서 판매를 통하여 얻게 된 수익을 말하므로 크게 어려운 개념이 아닙니다. 그런데, 총비용이란 무엇을 의미할까요?

이러한 손익분기 관점에서 총 비용을 계산하기 위해서는 먼저 변동비와 고정비에 대한 개념적 이해가 필요합니다. 점포를 운영하는 데 드는 비용을 여러 가지 방식으로 분류할 수 있겠지만, 손익분기 매출액을 구하기 위해서는 변동비와 고정비로 구분해야 한다는 것입니다.

분류기준은 의뢰로 간단합니다. 매출액의 증가와 감소에 연동하여 비용이 움직이느냐를 기준으로 생각하면 편리합니다. 즉 고정비란 매출액의 증감에 관계없이 매달 일정액으로 계속 지불되는 금액 비용을 의미합니다. 예컨대, 인건비, 임차료, 전기세, 보험료, 보안료세콤, 위생료세스코, 월간 고정 판촉경비, 고정 경비성 잡비 등을 예시할 수 있겠습니다. 매출액이 줄어들었다고 점포의 간판이나 조명을 꺼둘 수는 없는 일이므로 전기세는 고정비로 볼 수 있다는 이야기입니다. 반면 변동비는

매출액의 증감과 함께 연동하는 함께 증가하거나 감소하는 비용을 의미합니다. 예컨대, 상품 구입비, 식자재비, 가스비, 수도비, 부가세, 카드 수수료, 배송료 등을 생각해 볼 수 있습니다.

이 같은 손익분기점 매출액을 구하는 순서는 다음과 같습니다.

첫째, 점포 운영에 필요한 총 비용을 고정비와 변동비로 구분하여 목록을 만들고 각각의 합계를 낸다. 이때 누락되는 비용이 없도록 유의해야 합니다.

| 변동비 항목(매월) | 금액 | 고정비 항목(매월) | 금액 |
|---|---|---|---|
| 원재료 | | 임차료 | |
| 상품 구입가격 | | 전기세 | |
| 카드 수수료 | | 보험료 | |
| | | | |
| 변동비 계 | | 고정비 계 | |

둘째, 다음의 손익분기점 매출액을 구하는 다음의 공식을 활용하여 손익분기점 매출액을 계산해 봅니다. 공식은 다음과 같습니다.

$$손익분기점\sim매출액 = \frac{고정비}{1 - \frac{변동비}{매출액}}$$

실제 예시를 통해 계산해 보겠습니다. 어느 점포의 월 매출액과 비용이 다음과 같이 집계되었다고 가정하겠습니다.

- 매출액 1,802,344원
- 고정비 471,640원
- 변동비 1,284,640원

이라고 한다면, 손익분기점 매출액은

① 변동비÷매출액을 먼저 계산하면 1,284,640÷1,802,344=0.712760716 (변동비율)

② 1−0.712760716=0.287239284(공헌 이익률)

③ 고정비÷(1−변동율)을 계산하면 471,640÷0.287239284=1,641,976

따라서 이 점포의 월 손익분기 매출액은 1,641,976원입니다. 최소한 매월 금액이상으로 매출액이 나와야 손실이 없다는 의미입니다.

잠시 경영학에서 다루는 손익분기 계산의 방식을 설명하면, 경영학에서는 손익분기를 넘어선 매출액 중 공헌이익을 감안하여 공헌이익에서 고정비를 뺀 이익이 실제적인 수익으로 계산합니다. 이때 말하는 공헌이익Contribution Margin이란 매출액에서 변동원가를 차감한 잔액을 말하는 것으로 즉 고정원가를 회수하고 이익을 창출하는 데에 공헌한 몫이라고 보면 됩니다. 즉 공헌이익=매출액−변동원가변동원가란 조업의 증감에 따라 발생액이 변화하는 원가 따라서 공헌이익이란 변동비를 초과하는 매출액을 말합니다. 쉽게 말해 공헌이익이란 고정비를 보상하고 순이익을 가져오도록 하는데 공헌하는 이익을 말한다는 것입니다. 공헌이익은 매출액−변동비로 표현할 수 있고 공헌 이익율이란 공헌이익/매출액으로 표현될 수 있는데, 이를 수식으로 나타내면,

매출액=변동비+고정비+이익
매출액−변동비=고정비+이익
공헌이익=고정비+영업이익
공헌이익−고정비=영업이익

이라는 개념이 나오게 되며, 이상의 개념들은 다음과 같이 정리됩니다.

* 변동비율 = 변동비/매출액

  즉, 매출액중에 변동비가 차지하는 비율을 의미한다.

* 공헌이익(CM) = 매출액 − 변동비 즉 매출액에서 변동비를 차감한 금액
* 공헌이익율(CM Ratio) = 공헌이익/매출액(TCM/TR)

  (단위당 공헌이익/단위당 판매가격) 공헌이익율은 전체 매출액에서 공헌이익이 차지하는 비율로 구할 수 있다. 따라서 다음의 식으로도 구할 수 있다.)

* 공헌이익율 = 1 − 변동비율

뭔가 복잡해 보일수도 있습니다. 다음 장에서 이것을 사례를 통하여 쉽게 알아보도록 하겠습니다.

## 10.4 손익분기(BEP)점 계산의 활용 예시

이번에는 다양한 실전 사례를 통하여 손익분기 매출액을 사업타당성 분석에 활용해 보도록 하겠습니다.

멍멍군은 다음과 같은 조건으로 반려동물 미용 및 용품 점포를 오픈했습니다.

- 임대보증금: 6,000만 원
- 권리금: 3,000만 원
- 인테리어 및 시설비: 2,400만 원
- 고정비
  - 월 인건비: 200만 원
  - 월 임차료 임차료: 100만 원
  - 월 관리비: 50만 원

(1) 멍멍군 가맹점의 손익분기점 매출액은 얼마일까?

이 경우 우선 생각해야 할 것이 임대보증금과 권리금 등을 어떤 방식으로 고정비 항목으로 계산할 수 있을까입니다. 고정비용에는 보증금과 권리금 그리고 인테리어 설비투자비를 계산에 넣어야 하기 때문입니다.

우선 초기 투자비용인 임대보증금 6,000만 원+권리금 3,000만 원=9,000만 원에 대하여 매월 금융비용금리 10%으로 환산해 봅니다. 그리고 이것을 1년내 회수하겠다는 전제로 12개월로 나누면 월 배분 금액이 계산됩니다.

초기투자비 월 배분액: (9,000만 원×10%)/12개월=75만 원

또한 인테리어 설비투자 2,400만 원에 대한 감가상각비를 계산해야 합니다. 감각상각비란 비품이나 설비가 제품이나 서비스를 생산하면서 마모되고 노후화 되는 만큼의 가치를 제품 생산원가에 포함시킬 목적으로 계산하는 비용으로 지금 당장 실제 현금이 지출되는 것은 아니지만, 어느 정도 기간이 지나고 나면, 낡고 못 쓰게 된 비품이나 설비에 돈을 지출해야 한다는 전제하에 적립하는 준비 금액을 배분하여 지출 비용으로 계산하는 것이라고 생각하면 됩니다. 흔히 감각상각은 정액법과 정율법을 사용합니다만, 여기서는 일반적으로 점포에서 많이 사용되는 정액법을 적용하여 최대한 간단히 계산해 보도록 하겠습니다.

여기서는 계산상 편의를 위해 단순화시켜 설비와 비품의 내용연수원래 기능과 성능을 발휘할 수 있는 기간를 5년으로 계산하겠습니다.

감가상각비 월 배분액: 2,400만 원/5년/12개월=40만 원

따라서 월 고정비 총액을 계산하면

월 인건비 200만 원

\+ 임차료 100만 원

+ 관리비 50만 원

+ 초기투자비금융비용 75만 원

+ 감가상각비 40만 원

= 465만 원

이번에는 변동비를 계산해 보겠습니다. 그런데, 이제 막 점포를 오픈한 시점이므로 정확한 변동비 계산을 통하여 변동율이 얼마가 나오는 지를 추정할 수밖에 없습니다. 변동비는 매출액 대비 재료비 및 소모품 등 매출액에 따라 증가하는 비용을 의미하므로, 여기서는 변동비율을 0.35즉 35%로 가정해 보도록 하겠습니다.

자 이제 멍멍군 점포의 월별 추정 손익분기 매출액을 계산해 보면

손익분기점 매출액: 465만 원/(1－0.35)＝715만 원(월)

즉 멍멍군이 손실을 보지 않기 위해서는 매월 최소한 715만 원 이상의 매출을 올려야 한다는 의미가 됩니다.

(2) 멍멍군 점포의 첫달 매출이 1,200만 원이면 실제 이익은 얼마일까?

이제 멍멍군은 점포를 실제로 운영해 보았습니다. 그랬더니 첫 번째 달의 매출액이 1,200만 원이 나왔다고 가정해 보겠습니다. 그리고 실제 변동비 지출비용을 계산해 보았더니 450만 원이 나왔다고 가정해 보겠습니다.

매출액 1,200만 원－변동비 420만 원－고정비 465만 원＝315만 원

입니다.

다른 방식으로 계산해도

공식＝(매출액－손익분기점매출액)×(1－변동비율: 공헌이익율)

(1,200만 원－715만 원)×(1－0.35)＝315만 원

즉 315만 원이 이익이라고 볼 수 있습니다.

(3) 멍멍군이 점포를 운영하여 월 500만 원의 이익을 목표로 하려면 월매출 얼마를 달성하여야 할까?

이러한 목표 이익을 계산하는 방법은 다음의 공식을 활용합니다.

목표 이익 매출액＝(고정비＋목표이익)÷공헌이익율

멍멍군의 점포에서 고정비는 465만 원이고, 변동비율은 35%이므로

(고정비 465＋목표이익 500만 원)÷공헌이익율

이때, 공헌이익율이란 1－변동비율을 의미하므로, 즉 1－0.35＝0.65

따라서 (고정비 465＋목표이익 500만 원)÷0.65＝1,485만 원

즉 멍멍군이 점포를 운영하여 월 이익을 500만 원 남기려면, 월매출은 최소 1,485만 원을 달성해야 한다는 것을 알 수 있습니다.

이 같은 손익분기점 매출액을 구하는 것은 점포의 손실이 되지 않기 위한 최소 매출액이나 혹은 실제 이익 또는 목표이익율을 구하는 등 다양한 측면에서 사업 타당성을 검토하기 위한 재무적 방법으로 활용될 수 있습니다.

그렇다면 손익분기 매출액은 어떤 의미로 해석할 수 있을까요?

(1) 손익분기점 매출액은 낮은 쪽이 좋다

손익분기점 매출액은 수지 균형이 되는 매출액이기 때문에, 이 매출액은 낮을수록 좋다고 할 수 있습니다. 그렇다면 손익분기 매출액을 산출하는 공식으로 돌아와 손익분기점 매출액을 낮게 하는 방법을 생각해 보겠습니다.

$$\text{손익분기점}\sim\text{매출액} = \frac{\text{고정비}}{1 - \dfrac{\text{변동비}}{\text{매출액}}}$$

① 분자인 고정비는 가능한 한 적은 쪽이 좋다.

② 분모는 가능한 한 큰 쪽이 좋다. 즉

$\frac{\text{변동비}}{\text{매출액}}$(이것을 변동비 비율이라 한다)을 가능한 한 적게 할수록 좋다.

(2) 손익분기점 비율이란?

손익분기점 비율을 통해서도 매장 운영의 경영상태를 알 수 있습니다. 손익분기점 비율이란 실제 매출액과 손익분기점 매출액과의 관계를 나타낸 것입니다.

$$\text{손익분기점 비율} = \frac{\text{손익분기점 매출액}}{\text{실제}\sim\text{변동비}} \times 100\%$$

이러한 비율이 의미하는 바는 다음과 같습니다.

① 손익분기점 비율이 100을 밑돌고 있는 경우

실제 매출액 쪽이 손익분기점 매출액보다 크기 때문에 해당 점포는 흑자 경영을 하고 있다는 의미라고 해석할 수 있습니다.

② 손익분기점 비율이 100인 경우 … 수지 균형

③ 손익분기점 비율이 100을 웃돌고 있는 경우

실제 매출액보다 손익분기점 매출액이 크기 때문에 해당 점포는 적자 경영을 하고 있다는 의미로 해석할 수 있습니다.

(3) 손익분기 도표의 활용

마지막으로 손익분기 도표를 그려서 손익분기점 매출액의 관계를 파악해 볼 수도 있습니다.

손익분기 도표 그려 본 후, 그 의미를 해석하는 방법은 다음과 같습니다.

① 총 비용선이 매출액선을 상회하고 있으면 손실이 발생, 즉 적자 체질

② 매출액선이 총 비용선을 상회하고 있으면 이익이 발생, 즉 흑자 체질
③ 손익분기점 매출액을 인하하려 하면 고정비를 압축
④ 손익분기점 매출액을 인하하려 하면 변동비의 유동을 작게
⑤ 손익분기점 매출액은 낮으면 낮을수록 이익이 발생

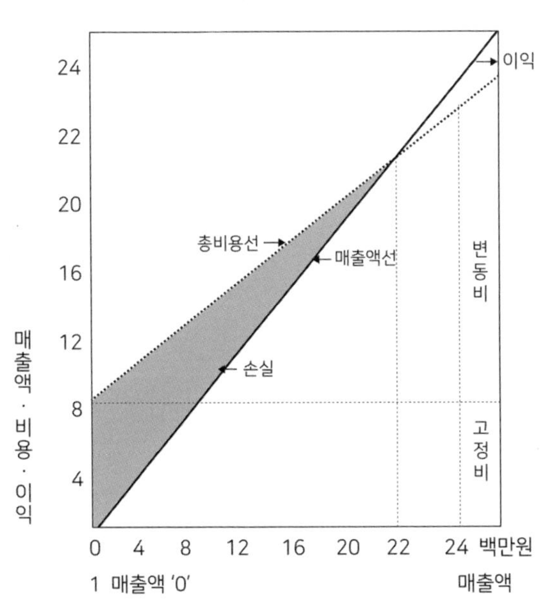

# XI



# 창업의 절차와 방법

*Companion Animals*

# 창업의 절차와 방법

## 11.1 개인기업과 법인기업(주식회사)

앞서 언급했던 사업계획서를 작성하고 자금을 확보한 뒤 사업장을 선정하고 직원을 채용했다면 직접적인 창업 절차에 들어가야 할 것입니다. 창업을 하기로 했다면 기업의 형태를 결정해야 합니다. 사실 기업의 형태는 개인기업, 유한회사, 합자회사, 주식회사, 합명회사 등 다양한 종류가 있지만 초기 창업자가 기억해야 할 것은 개인기업과 법인기업의 차이 그리고 창업초기 어떠한 형태로 기업을 운영할지 여부입니다. 창업자가 개인기업으로 창업을 할지 법인기업으로 창업을 할지 결정할 때 가장 생각해야 할 점은 투자유치 가능성입니다. 투자를 유치하고자 한다면 법인 기업의 형태로 기업이 설립되어야 하며 개인기업은 법인전환의 절차를 거쳐야 투자가 유리합니다. 투자를 유치하면 본인의 창업자금이 줄어들게 되어 금융비용을 절감하는 효과가 있지만 투자를 받는 순간 주식의 일부가 투자자의 소유가 되며 투자자는 실질적으로 경영에 참여하거나 조언을 빙자한 여러 가지 간섭이 발생될 수 있다는 점을 잊어서는 안 됩니다.

그러면 법인기업주식회사과 개인기업의 차이에 대해서 알아보도록 하겠습니다. 개인기업은 대표자사장가 자본을 마련하고 직접 기업을 운영하는 형태로 사업활동으로 발생하는 모든 이익, 위험, 권리, 의무 등이 대표자 개인에게 귀속됩니다. 즉 기업의 이익이 발생할 경우 기업주가 이익을 독점하며, 회사의 설립이 쉽고 적은 자본금으로 설립이 가능하다는 장점이 있습니다. 또한 대표자가 의사결정권을 갖기 때문에 신속한 의사 결정과 영업비밀의 엄수와 유지도 가능합니다. 그러나 기업주는 창업의 결과에 무한책임을 져야 하기 때문에 사업에 망할 경우 모든 빚은 대표자가 상환해야 합니다. 또한 투자유치에 한계가 있기 때문에 자본조달에 한계가 있으며 대표자에게 전적으로 의존하는 경영 시스템으로 인해 회사가 잘되면 잘되는 대로 어려우면 어려운 대로 경영한계에 부딪히게 됩니다. 또한 개인 기업은 기업이 성장할수록 세금을 납부하는 금액도 법인기업보다 많아지는데요. 개인기업은 사업상 과세표준에 따라 6~42%의 세금을 납부합니다. 반면 법인기업은 과세표준 2억 이상 200억 이하인 경우 20%의 세율을 적용받게 되어 있습니다.

법인기업은 주식회사라고 불리며 유한책임을 지는 주주, 증권발행, 소유와 경영의 분리를 원칙으로 합니다. 즉 대규모 기업을 운영할 때 필요한 자본을 조달하고 소유과 경영의 분리로 전문적인 경영활동이 가능한 법인체입니다. 대규모 자본의 유치가 쉽고 주주도 본인들이 보유한 주식의 비율만큼만 책임을 집니다. 또한 주식의 거래가 가능하고 소유와 경영의 분리로 인해 대외적인 신용도가 개인기업에 비해 매우 높습니다. 하지만 설립절차가 복잡하고 경영 위험도 주식보유 비율만큼 감수하듯 이익이 나도 모든 이익이 대표이사의 이익으로 배분되지 않습니다. 주식보유 비율에 따라 경영 참여 및 영향력을 발휘할 수 있기 때문에 신속한 의결정이 현실적으로 불가능하며 최악의 경우 경영권 확보를 위해 서로 대립하는 상황이 벌어지기도 합니다. 안정적인 경영을 위해서는 과반수 이상인 51%의 주식을 보유하면 되지만 현실적으로 대규모 투자를 유치할 경우 창업자의 주식 보유 비율은 매우 낮아질 수밖에 없으며 애플의 창업자 스티브 잡스의 경우처럼 본인이 창업을 하여도 그 회사에서 해임되는 상황이 벌어질 수도 있습니다. 보통 창업을 하는 경우 개인 기업으로 창업을 한 뒤 사업체가 커지면 법무사, 세무사, 회계사, 변리사 등 전문가의 도움을 받아 법인기업으로 전환하는 것이 일반적입니다.

| 구분 | 법인사업자 | 개인사업자 |
|---|---|---|
| 설립 | 등기소에 등기해야 함 | 세무소에 신고만 하면 됨 |
| 주인 | 법인의 주주 | 대표 개인 |
| 비용 | 온라인법인설립시스템 이용하면 무료<br>법무사 이용하면 50만원 이상 | 무료 |
| 설립세금 | 1천만원짜리 법인 지방에 설립시 135,000원<br>수도권 과밀억제권역에 설립시 3배 | 무료 |
| 자본금 | 100원이상부터 가능해짐 | 없음 |
| 소득귀속 | 법인 | 개인 |
| 대출시 | 법인이 책임 | 개인이 책임 |
| 계약책임 | 법인이 책임 | 개인이 책임 |
| 자금인출 | 대표는 급여나 배당으로만 가능<br>그냥 빼면 가지급금<br>많이 빼면 횡령 | 무제한 |
| 소득세 | 10~25% | 6%~42% |
| 주소이전 | 등기소에 등기(비용발생) | 홈택스에 신고(무상) |
| 대표변경 | 등기소에 등기(비용발생) | 흠택스에 신고(무상) |

## 11.2 개인기업 창업절차

그럼 개인기업으로 사업자 등록을 실시하는 절차에 대해 알아보겠습니다. 개인기업을 창업하는데는 별도의 등기절차가 필요 없음으로 사업장을 갖추고 사업장

소재지의 관할 세무서에 사업자 등록을 신청하여 영업을 개시하면 됩니다. 다만 창업하고자 하는 업종이 펫푸드, 반려동물 장묘업 등과 같이 관련 법령에 의한 허가사업인 경우 사업허가를 받기 위한 관련 시설 및 인력을 구비한 후 사업허가증을 사업자 등록전에 먼저 받아야 합니다. 개인사업자 등록은 사업장을 확보하고 사업장이 소재한 소재지 관할 세무서에 사업자 등록을 신청하면 됩니다. 사업자 등록증은 사업 개시일로부터 20일 이내에 해야한다는 점을 잊어서는 안 됩니다. 사업자 등록증 신청서류는 사업자등록신청서, 인허가 사업인 경우 사업허가증, 주민등록등본, 임대차계약서입니다.

사업자등록신청서에는 대표자의 인적사항, 업종 및 업태, 개업일, 종업원 수, 등 사업의 종류와 사업장의 임대, 구매, 임대인의 신상자료, 월세전세지급 내용 등 사업장에 관한 사항과 일반과세자 또는 간이과세자 등 과세유형을 기입해야 합니다. 사업자 등록신청서에 기입하는 업종 및 업태는 나중에 소득이 발생할 경우 부가가치세신고 및 종합소득신고와 같은 세금 납부에 영향을 주기 때문에 본인이 운영하는 사업체가 어떤 업종이며 어떤 종목에 속하는지 자세히 검토하는 게 좋으며 가급적 한 번 정도 세무사 등 창업분야 전문가와 상담을 받는 것이 좋습니다. 특히 사업초기 상업규모가 영세할 것으로 예상되거나 대규모 투자 유치 등을 통한 이익창출이 목적이 아닌 생계형 기업의 경우 간이과세자로 창업을 시작하는 것도 검토해 볼만 합니다. 간이과세자의 기준은 2021년도에 전면 개편되면서 기준이 대폭 완화되었습니다. 과거 간이과세 기준금액은 연매출액 4,800만 원 이하여야만 간이과세자가 될 수 있었지만 연매출 8,000만 원으로 상향조정되었습니다. 또한 부가가치세 납부 면제 기준 또한 과거 연매출 3,000만 원에서 4,800만 원으로 상향되었습니다. 즉 간이과세자가 되면 매출액 대비 1.5~4%정도의 낮은 세율이 적용되고 매출이 4,800만 원 이하인 경우 부가가치세를 내지 않아도 되도록 변경되었습니다. 다만 과거 세금계산서 발행이 의무가 아니었으나 일부 업종을 제외하고 거의 대부분의 간이과세자도 세금계산서를 발행해야 하는 의무가 생겼습니다. 만약 세금계산서를

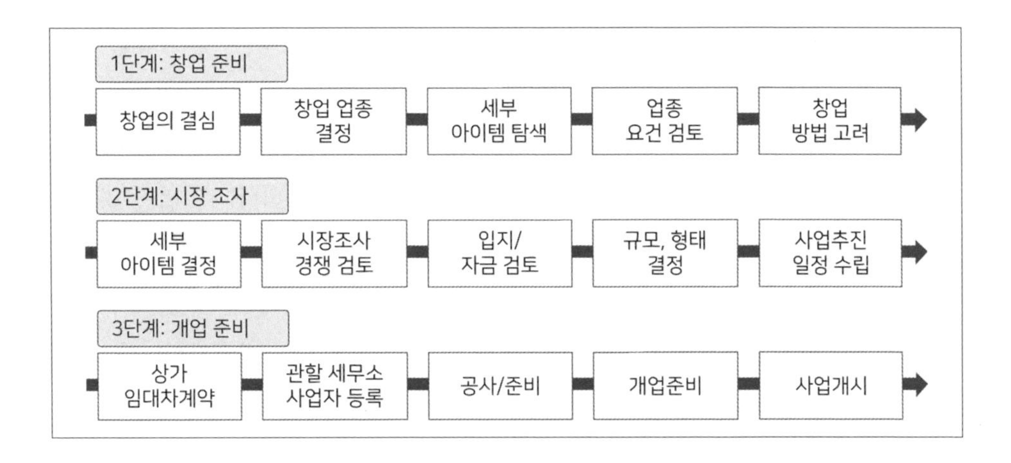


받지 않는다면 공급 대가의 0.5%에 해당하는 가산세를 부과하니 주의해야 합니다.

반면에 일반과세자는 연간 매출 8,000만 원 이상인 경우 모든 업종에 대해서 10%의 세율을 적용 받고 세금계산서 발급이 의무입니다. 하지만 사업을 위한 시설, 물건 등을 구입하면서 받은 매입세금계산서 상의 세액을 전부 공제 받을 수 있는 장점도 있습니다. 그렇기 때문에 사업초기 개인기업 간이과세자로 시작하여 매출이 오르면 일반과세자로 전환하고 사업이 본 궤도에 오를 경우 외부 투자유치를 위해 법인기업으로 전환하는 것을 추천합니다.

## 11.3 법인기업 창업절차

사업이 어느 정도 본 궤도에 진입하여 매출과 과세표준이 지속적으로 상승하여 개인기업으로 납부하는 세금의 양이 현저히 증가하고 기업의 규모 향상을 위해 외부 투자유치가 필요한 경우 법인기업으로 전환이 필요합니다. 개인기업의 법인전환 시 세무사, 법무사, 회계사, 변리사 등 전문가의 도움을 받는 것이 좋습니다.

그렇다면 처음부터 법인기업을 창업하는 절차에 대해 알아보도록 하겠습니다. 법인기업은 개인기업과 다르게 법인이라는 회사가 마치 사람처럼 하나의 독립된 개체로 모든 법적 권한과 의무의 주체가 되는 회사를 의미합니다. 즉 법인 명의로 사업장을 구입하거나 자동차를 구매하는 행위가 가능하다는 점입니다. 우선 발기인을 구성하여 정관을 작성한 후 공증을 받고 주식발행 사항과 관련된 여러 가지 회사의 구체적인 구성을 한 후 법원에 설립등기를 하는 과정이 필수적입니다. 법인 설립절차는 법인전환과 같이 절차가 복잡하기 때문에 법무사 등 전문가의 도움이 필수적입니다. 이때 준비해야 할 서류는 상호, 본점소재지, 사업목적, 자본금 등 회사 설립사항이 적힌 명세서, 발기인의 인적사항 및 주식인수사항, 감사를 포함한 등기이사 현황 및 주민등록등본, 인감증명서, 주주납입증명서 등의 서류가 필요합니다. 위 서류를 준비하면 사업장 소재지 관할 세무서를 방문하여 사업자 등록 신청을 해야 합니다. 다만 법인기업인 경우에도 개인기업과 같이 법령에 의한 허가사항이 있을 경우 사업허가증을 발급 받아야 합니다. 최종적으로 관할 세무서에 제출해야 할 서류는 법인설립신고 및 사업자등록신청서, 법인등기부등본, 정관, 개시대차대조표, 주주 명세서, 현물출자명세서, 사업허가증필요시를 제출하면 됩니다. 이렇듯 법인기업의 창업절차는 준비해야 할 서류가 많고 절차가 복잡하고 등록세, 지방교육세, 채권매입비용, 공증료, 법무사 비용 등 제법 많은 비용이 필요하다는 점을 기억해야 합니다.

이렇게 하여 전반적으로 창업에 필요한 여러 가지 과정과 절차에 대해서 모두 알아보게 되었습니다. 이러한 이론적 배경이 창업의 성공을 보증할 수는 없지만 창업의 실패를 예방할 수 있다는 점을 잊지 말았으면 합니다. 수많은 창업자들이 창업을 시도하지만 의외로 이렇게 체계적인 접근과 분석을 하는 경우는 드뭅니다. 이러한 계획을 가지고 창업을 하는 경우 시행착오를 최소화할 수 있으며 무모한 창업으로 인해 발생하는 실패의 고통을 예방할 수 있다는 점을 잊지 말아야 할 것입니다. 특히 반려동물산업분야는 대기업과 대형자본의 진출이 아직은 많지 않기 때문에 소규모 영세자영업자들의 창업 러쉬가 계속되고 있습니다. 하지만 엄연히 각자 다른 사업영역임에도 불구하고 반려동물산업이라는 큰 카테고리에 묶여서 창업자의 경력, 학력, 자격, 자본, 입지 등을 고려하지 않고 무조건 유망하다며 묻지마 창업을 하는 것은 피해야 할 부분입니다. 11개 챕터에서 다루었던 부분을 차근차근 밟아 나가고 본인의 경력과 자격을 너무 과신해서는 안 되며 반대로 남들이 창업하는게 너무 쉬워보이거나 본인이 단지 좋아하기 때문에 전문성이 전혀 없는 분야의 창업에 성급히 뛰어드는 것을 피하는 것이 성공적인 창업의 첩경이라는 점을 꼭 기억해주시기 바랍니다. 이제 반려동물 산업분야의 창업도 계획과 분석이 필수입니다.

# 찾아보기

## 저자소개


### 백종일

대전대학교 대학원 융합컨설팅학과 경영컨설팅학 박사
고려대학교 경제학 석사

現
건국대학교 전문경력 창업학과 겸임교수
경인여자대학교 펫토탈학과 겸임교수
경영지도사, 기술거래사, 기업·기술가치평가사, 창업지도사, 기술사업화 전문코디
중소벤처기업진흥공단 청년창업사관학교 안산(본교) 특화코치
창업진흥원 예비창업패키지, 초기창업패키지 지원사업 전담멘토
소상공인시장진흥공단 역량강화 컨설턴트
채움경영컨설팅 연구소 대표

### 허제강

건국대 경영공학 박사
강원대 수의학 석사
강원대 수의학 학사
수의사 면허 취득(2007년)

前
철원군청 유기동물 보호 및 방역
연세세브란스병원 실험동물 관리 및 연구
중소벤처기업진흥공단 바이오기업 평가모형 개발 및 청년창업 지원

現
경인여자대학교 반려동물보건학과 교수

실전! 반려동물 창업실무


초판발행 2022년 12월 30일

지은이 백종일 · 허제강
펴낸이 노 현

편 집 탁종민
기획/마케팅 김한유
표지디자인 이수빈
제 작 고철민 · 조영환

펴낸곳 ㈜피와이메이트
서울특별시 금천구 가산디지털2로 53, 210호(가산동, 한라시그마밸리)
등록 2014. 2. 12. 제2018-000080호
전 화 02)733-6771
f a x 02)736-4818
e-mail pys@pybook.co.kr
homepage www.pybook.co.kr
ISBN 979-11-6519-350-8 93520





정 가 19,000원


박영스토리는 박영사와 함께하는 브랜드입니다.